＼ずっといっしょにいたいよね／

インコがやっぱり、いちばんかわいい！

只野ことり

日本文芸社

PART1

インコと出会う

PART2

インコを知る

おりこうね〜
わ〜い!!

PART 3

インコと遊ぶ

PART4 インコと暮らす

ハッ!!

登場インコ紹介

ピースケ

セキセイインコの男の子。
おしゃべりじょうずでモノマネも得意。
ひとりぐらしの女の子に飼われている。

ショウくん

オカメインコの男の子。
ファミリーに飼われている。
さみしがり屋で甘えん坊。ビビり屋なところも。

サクラ

コザクラインコの女の子。
ひとりぐらしの男の子に飼われている。
気が強く、ながら放鳥は許さない。

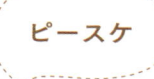

サクラが好きな遊び

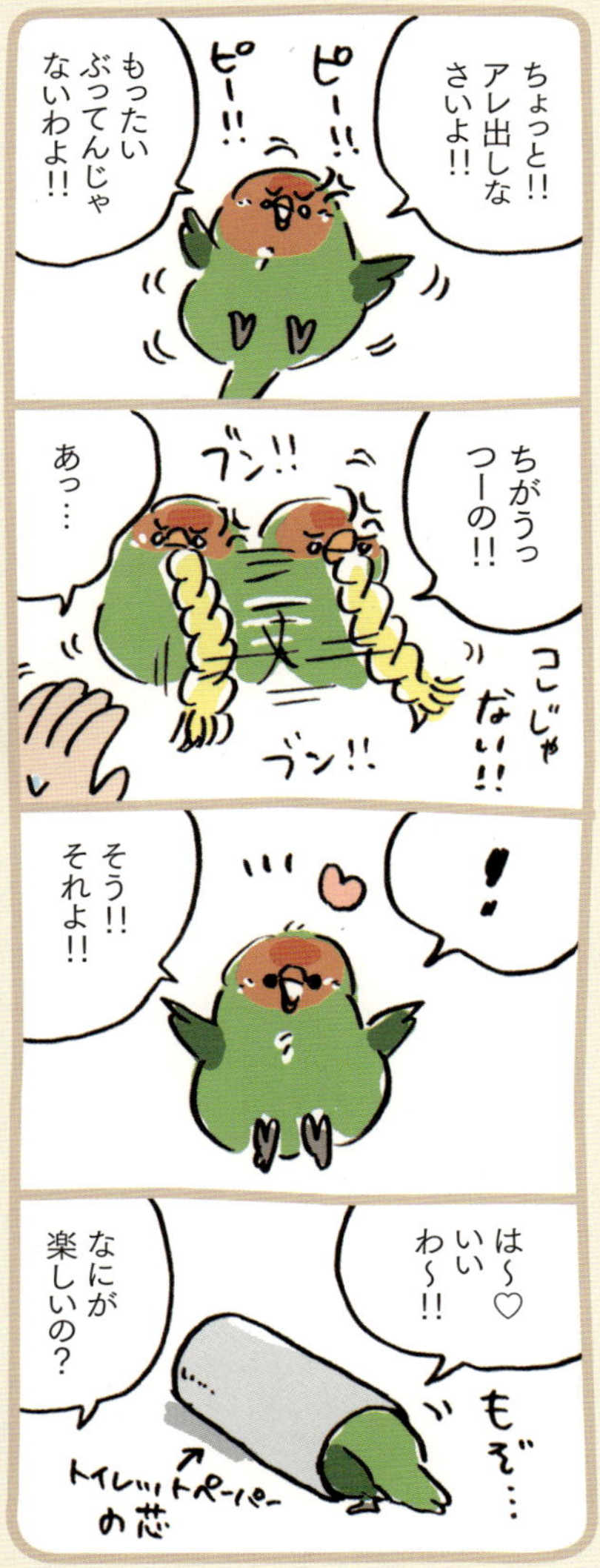

ビビリのショウくん

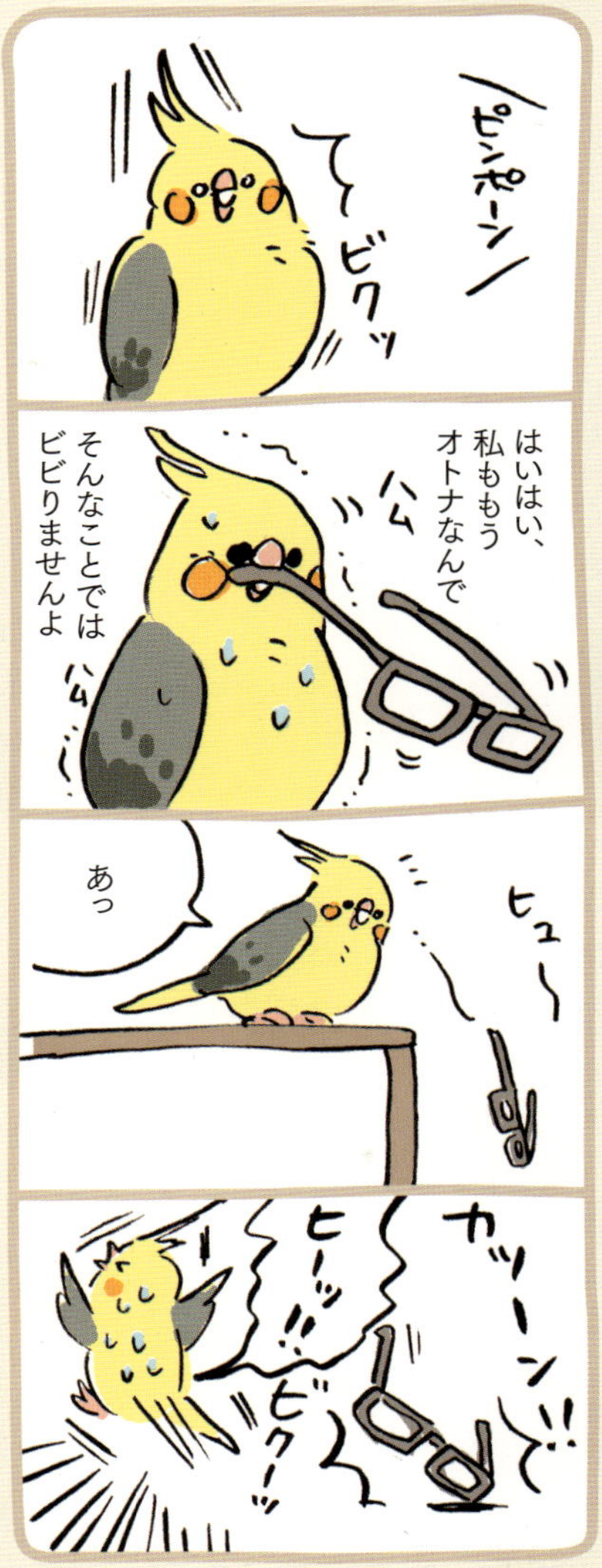

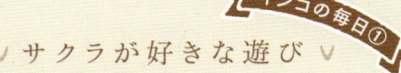

留守番ピースケ

クチバシ強化中
飼い主さんが仕事中
ボクも案外忙しい
もぐ
もぐ
言語習得
オナカ…
スイタ～
ア～
カワイイネ
ピースケ…
ペラ
ペラ…
ペラ
睡眠
このように
たいへん忙しい…
すや…
すや…
ただいまー!!
はっ!!
ピースケ
カワイイネ…
ムカシムカ～シ
アルトコロニ…
エッヘン!!
ピースケ
すごい!!

PART 1
インコと出会う

今日からどうぞよろしく！

インコと飼い主の数だけ出会いのストーリーがある

インコと出会える場所は、ペットショップや専門店などいろいろあります。なかには「拾った」という場合もあるようです。

ピースケが、飼い主さんと出会ったときのお話です。

ある日、自転車のカゴを見ると、そこに見知らぬインコが。

おそるおそる手を差し出してみると、インコは待ってましたとばかりに肩にちょこんと飛び乗りました。

手を尽くしましたが、元の飼い主さんは見つかりません。そこでブ

ルーが美しいそのインコに「ジュエル」というステキな名前をつけ、かわいがることに。ジュエルちゃんも新しい飼い主さんを慕うよい手乗りになりました。

そして1年後。突然ジュエルちゃんはせきを切ったように、衝撃的な告白をはじめたのです。

「ピースケダヨ！ ピースケダヨ！」

なにを今さらと思ったそうですが、物わかりのよい飼い主さんは、あっさりと主張を受け入れて改名。

ジュエルちゃん改めピースケは、その後も家族として大切にされたのでした。

こんな出会いもあるんですね。

まだ、ひとりじゃ
ごはんも
食べられないの〜

ヒナから
育てるには
覚悟が必要

育ヒナは、人間の赤ちゃんくらい手間がかかるもの

ヒナをお迎えするなら、季節は春がおすすめ。温度管理がしやすく、ヒナの流通量も増えるので、この時期ばかりはインコもよりどりみどり。

梅雨から夏の間のお迎えは、か弱いヒナを育てるには衛生管理が難しく、逆に寒い時期は保温がたいへん。インコのヒナの保温は30度と高温だからです。

セキセイインコならおよそ5週齢、それ以外のインコたちなら、生後1か月半くらいで「ひとり餌《え》」になります。

それまでは飼い主さんがインコのママ代わり。育ヒナに奮闘することになります。具体的には、朝から晩まで1日に3～4回、せっせとヒナに「さし餌《え》」を与えるのです。

なかには甘えん坊で、さし餌をいつまでも卒業しようとしない子もいます。特にオカメインコに続出中。さし餌をねだる愛鳥の姿にキュンとして、やめられなくなってしまうというのもありますが。

さし餌は、手間がかかるばかりでなく、やけどをさせてしまうなど事故が起こることも。難しそうなら、無理せずひとり餌に切り替わった子をお迎えするのも手ですよ。

オトナインコだって、かわいいんだから！

成鳥は飼いやすさ満点

ヒナから育てなくてもインコは人に懐きます

インコを成鳥でお迎えする魅力は、なんといっても健康状態が安定していること。

巣立ちを迎えた生後1か月から2か月くらいのインコの場合、それまでどのような環境でどのように育てられてきたかによって、手乗り度が決まってきます。

親鳥が巣立ちまで育てたインコは、手乗りにするには根気が必要。ケージに手を当てるだけでバサバサと逃げ惑うようなインコは、手乗りにするのは難しいかもしれません。

さし餌で育ってきたインコであれば、すでに手乗りといえます。なかでも手を怖がらず、好奇心旺盛で積極的に遊びに誘ってくるような子なら、「ベタなれ」になる可能性も大。

成鳥からお迎えするなら、さし餌で育てているお店で、人になれている子をお迎えするとよいでしょう。

とはいえ、飼い主さんがさし餌で育てた子でも、その後のスキンシップが不足すれば「手乗り崩れ」になってしまうことも。

ヒナからでも、成鳥からでも、愛情をかけて接すれば、インコは私たちのステキなパートナーになってくれるのです。

ココはドコ？
ワタシはダレ？

はじめは
そっとして
おくこと

インコをお迎えしたら
まずはそっとしておきましょう

インコだって緊張もするし、人見知りだってします。

新しいおうちに着いても、当然、なれるまでの間は「知らない人」「知らない場所」。お迎え直後のインコの小さな胸は、不安ではちきれんばかりなのです。

インコと仲よくなりたいなら、むやみやたらに追いかけまわすのはご法度。

大切なのは、飼い主さんに恋をさせること。インコ自ら、飼い主さんにもっと遊んで欲しい、もっとふれあいたいと思わせることなのです。

そのためには、追いかけるのではなく、あちらから追わせるように仕向けなくてはなりません。

ピースケを迎えた飼い主さんは、はじめの数日、ケージに入れたままで周囲の環境になじませることからはじめました。

ココは怖くないし、安全な場所なんだよ、と、怯えているピースケに教えてあげたのです。

お世話のたびに優しく声をかけているうちに、ピースケにも余裕や好奇心が芽生え、興味津々で近づいてくるのにそう時間はかかりませんでした。

人気のインコ

インコとオウムの種類は、世界でなんと300種を超えるといわれています。見た目や生態・性格もそれぞれ。あなたはどんなインコが好きですか？

オパーリングリーン

長い言葉も覚えられちゃう子がいるよ！

セキセイインコ

昔からペットとして根強い人気を誇るセキセイインコ。その魅力は、なんといっても人によくなつくところ。そして、おしゃべりじょうずな子も多いよう。鳴き声がそれほど大きくなく、お世話もしやすくて初心者でも育てやすいです。

イエローフェイス
オパーリンコバルト

4色ハルクインブルー

ファロー
オパーリンブルー

羽衣セキセイ

羽が巻き毛になったタイプのインコ。頭の部分が巻き毛になったものは「梵天」と呼びます。

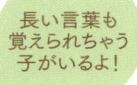

オカメインコ

オレンジ色のほっぺが愛らしいオカメインコ。「インコ」という名前ですが、実はオウムの仲間です。頭にある冠のような長い羽（冠羽）が、寝たり立ったりすることで気持ちがわかっちゃうのもお茶目なところ。ちょっとおく病な性格ですが、人によくなれます。

なでてもらうの大好き！

ノーマル

ファロー

シナモン

ルチノー

私たち、丸いほお紅部分がない「ホワイトフェイス」よ

ホワイトフェイスノーマル

ホワイトフェイスルチノー

コザクラインコ

黒目がくりくりしていて、尾が短く愛らしいルックスのコザクラインコ。「ラブバード」と呼ばれる仲間の一種で、パートナーにとても深い愛情を示します。見た目がかわいらしいわりに、縄張り意識が強くて攻撃的な一面もあります。

「ラブバード」
って
呼ばれてるの

ノーマル

オーストラリアン
オリーブパイド

ダッチコバルト
バイオレット

オリーブ

オーストラリアン
シナモンブルー

クリーム
ルチノー

アフリカ出身
らしくカラフル
でしょ？

キエリクロボタンインコ
ノーマル

ブルー
ボタンインコ

ボタンインコの仲間

コザクラインコと同じラブバードと呼ばれる仲間です。コザクラインコよりもやや小柄で、少しおく病なところも。白いふちどりが黒目のまわりにあるのが特徴で、キエリクロボタンインコ、その色変わり種のブルーボタンインコなどがいます。

ルチノー
ボタンインコ

「ラブバード」とは？

ボタンインコ属の総称で、コザクラインコやキエリクロボタンインコ、ルリコシボタンインコなどが日本ではポピュラーよ。ペアになるととても深い愛情で結ばれ、2羽がよりそう姿は、まるでハート形に見えるわ〜。飼い主さんをパートナーとみなすと、濃密な関係を築こうとするの。

かんたんな
言葉なら
覚えられるよ

ノーマル

ブルー

マメルリハ

小さい体ながら、元気いっぱいで活発なマメルリハ。クチバシの力が強いため、かまれると結構痛いので、要注意。器用に片脚でものをつかむしぐさなどがかわいらしく、ファンが続々と増えています。よくなれてくれると「ニギコロ」（→ p116）ができるのもうれしい！

アメリカン
イエロー

アルビノ

サザナミインコ

さざ波のような羽の模様が特徴のサザナミインコは、動きがのんびりしていて、あまり大きな声で鳴きません。性格もおだやかで攻撃性も低いので、いっしょに暮らしやすい子たちです。標高の高い涼しい森林地帯出身のため、寒さにはまあまあ強いですが、日本の暑さには注意が必要。

青菜など水分多めのごはんが好き♡

ノーマル

モーブ

ルチノー

ダークグリーン

グリーン
スパングル

ダークグリーン
スパングル

コバルト
スパングル

アマノジャクって呼ばないで！

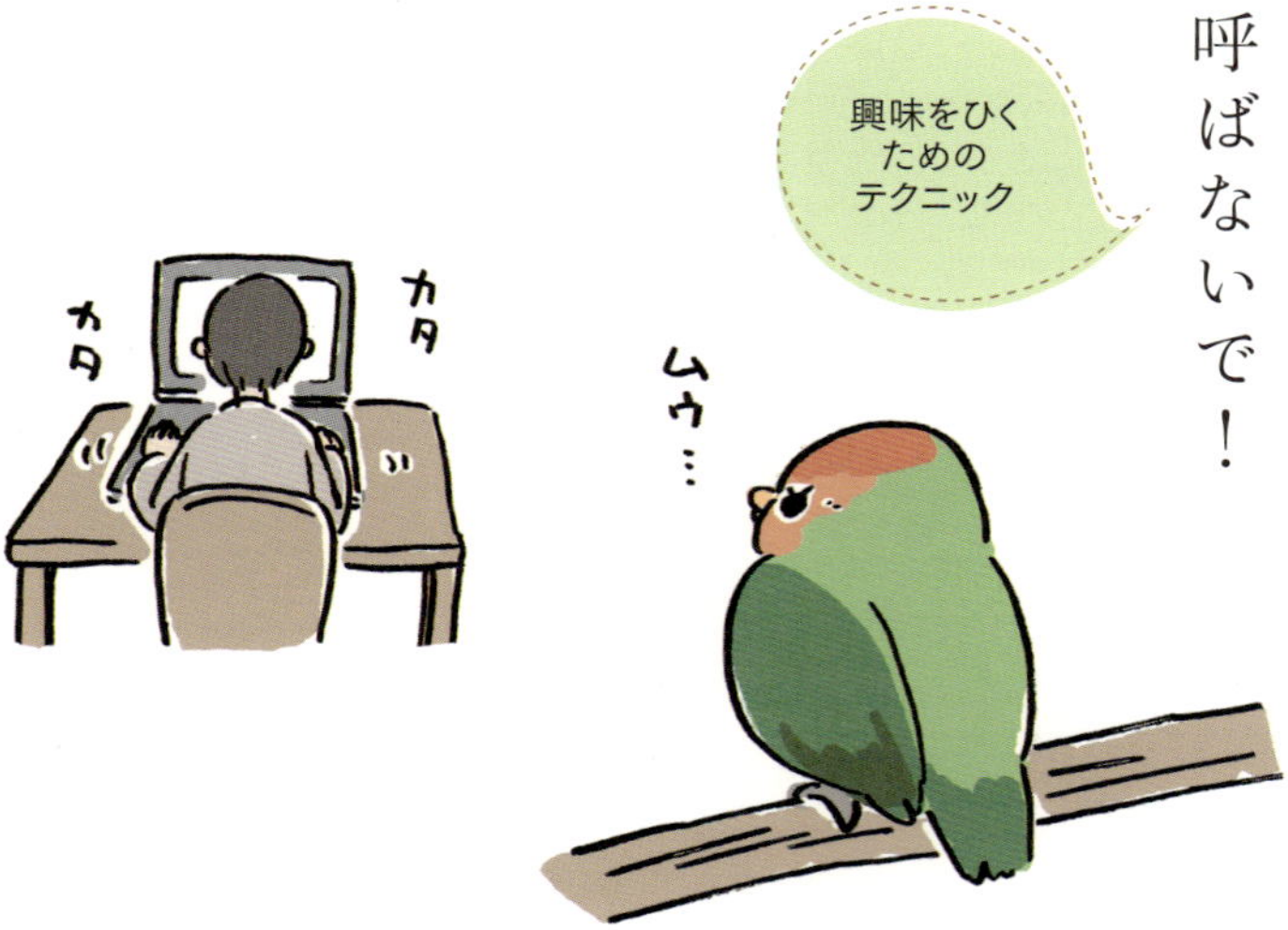

インコが自ら寄ってくるよう仕向けてみよう

インコと仲よくなるには、ちょうど小さな子どもとお友だちになるイメージが近いかもしれません。

たとえば、インコのおもちゃで、これ見よがしに「わ〜！楽しい♪」などと声をあげ、嬉々として遊んで見せる。すると、好奇心の塊＝インコは、グッと食いつくはず。気になってワキワキが止まらなくなってしまうことでしょう。

また、ときに関心のなさをアピールすることも効果的。コザクラインコのサクラは、飼い主さんが集中し

てパソコンに向かっているときに限って片時も離れず、一緒になってキーボードの上で踊ります。迷惑だけれど許せてしまうのが、インコならではのお茶目なところ。

ふだんは人間の子どもがちょっと苦手なオカメインコのショウくんは、子どもたちがトランプで神経衰弱に興じていると、自らその輪の中心に飛び込み、カードを片っ端からひっくり返してしまいます。

そう、人の側から少し距離を置いてあげると、インコのほうから仲間に入れてと寄ってくる。インコって、そんなアマノジャクな生き物なのです。

そこ、そこ！そこなのよ〜

カキカキで虜にする

うちの子が喜ぶツボはどこかな〜？

インコが羽づくろいしあう姿は、とてもほほえましいものです。愛鳥のつがいになったつもりで、インコのツボをカキカキしてあげましょう。

サクラも、カキカキが大好き。自ら顔を右や左へと傾け、「今度はここをかいてちょうだい」と積極的におねだりします。

さて、インコはどこをカキカキされると喜ぶでしょうか？

まずは、首から頭にかけての周辺です。ふだんは羽毛で隠れていますが、インコの顔の横には大きな耳の穴がポッカリと開いています。その周辺を人さし指の爪の先を使って、愛鳥の反応を確認しながらカキカキとかいてゆきます。

なれてきたら、耳の穴のあたりだけでなく、首の後ろやアゴの下もかいてみて。

はじめのうちは飼い主さんの微妙な指の動きに驚いたり、思うようにかかせてくれなかったりする子もいることでしょう。けれども、インコにおうかがいをたてながら練習を重ねれば、あなたもうちの子専属のエステティシャンに！　お互い、ふれあったときの感覚になれることがカキカキ成功のヒケツです。

ボク、ほめられると伸びるタイプなのです

おやつでコミュニケーション

おやつをご褒美としてじょうずに使おう

栄養面だけで考えれば、インコにおやつは必需品とはいえません。けれど、たかがおやつ、されどおやつ。インコと飼い主さんとの距離を縮めるうえでたいへん有効なツール、それがおやつなのです。使わない手はないでしょう。

ショウくんは、声かけひとつでケージにすんなり戻れたとき、「おりこうさん！」と、最高のほめ言葉とともに、お気に入りのヒマワリの種を砕いたひとかけら（インコの鼻の穴の大きさくらい）を「あーん」。

大好きな飼い主さんからほめられたうえに貰うおやつの味の、格別なこと！

また自分からおりこうにしようとインコが思う強力なきっかけになるはずです。

ただし、インコにおやつとして与えていいのは、鳥のおやつ用として売られているペレットか、野菜、くだもの、味のついていない種子類だけ。食べすぎれば肥満や偏食の原因になります。

そして、あげすぎればおやつの効果も薄れてしまいます。おやつはこぞというときに効果的に与えたいものです。

お風呂に入らなくても
死にはしないって
いうけれど

水浴びの習慣がある子もいれば ない子もいます

インコのなかでも水浴びが好きな子と嫌いな子がいます。

特にセキセイインコやオカメインコは、オーストラリアの乾いた土地出身ですので、一切、水浴びをしない子も。

雨期もあるアフリカの出身のラブバードは、水浴び好きが多いです。

サクラは、水浴びが大好きで、真冬でもためらわず豪快に水に飛び込みます。

水浴びを覚えさせたいなら、ひとり餌になったころからスタート。水浴び初心者のうちは、ビショビショに濡れそぼって、困り果てた顔をしていることもありますが、じきに水浴びの加減を覚えるものです。

注意して欲しいのは、お湯は絶対に使わないこと。お湯だと羽毛の防水機能が流れ落ちてしまいます。

寒そうなら部屋の温度を上げて調整します。ドライヤーもＮＧです。

ピースケは、水浴びではなく、菜差しに入れた青菜の水滴での「葉っぱ浴び」が趣味。

お風呂に入らなくても死にはしないとはよくいったものですが、インコの水浴びも同様。その子の個性を尊重しましょうね。

2羽目をお迎えするとき

え〜、この子とお友だちになれるかなぁ……？

仲よしのインコを見たいか自分と仲よくしてほしいか

一度インコの魅力にハマってしまうと、ほかの子も育ててみたいと考える人は、少なくないはず。

特にオカメインコの飼い主さんにその傾向が強く、ケージの数が増え続ける……なんて事態も。

新しくお迎えしたインコと先住インコを仲よくさせるコツは、とにかく時間をかけること！ 長期戦の構えで、焦らず鳥さんどうし、気長に友情を育ませるのです。

はじめは別々のケージに入れて、鳴き声でのコミュニケーションから。声でお互いを知る期間です。

次にケージ越しにお見合いさせ、好感触なら、短い時間で同時にケージから出してみます。ケンカをすることもあるので、目を離さず、徐々に2羽で過ごす時間を長くしていきます。

ただ、そこまでしても、鳥さんどうし、相性が合わないということもありえます。そのときは仲よくさせるのは、潔く諦めましょう。

仲睦まじいインコの姿はよいものですが、2羽で仲よくなると、人間がのけ者になることも。

そのあたり、慎重に検討しないと、さみしい思いをするはめに……。

求ム！小鳥のお医者さん！

鳥専門の病院を探そう

健康なうちに病院へ行っておこう

インコを飼うと決めたら、小鳥に詳しい動物病院を探すこと。それは飼い主の大切なお務めのひとつです。

信頼できる獣医師は、困ったときのよき相談相手になってくれます。では、信頼できる動物病院をどうやって探したらよいでしょうか？

ピースケの飼い主さんは、まず、気になる動物病院をいくつかリストアップし、電話してインコの健康診断を受けることができるか尋ねてみることからはじめました。

「とりあえず見るだけなら」

と歯切れの悪い動物病院や、「鳥に健康診断なんかいらないよ」といい放ち、開き直る獣医さんはもちろんパス！

良心的な先生なら、鳥に詳しい動物病院を紹介してくれることもあります。

実際に健康診断を受けてみて、インコの扱いにもなれていそうで、話をよく聞いてくれる先生なら、とりあえず主治医としては合格点です。

小鳥を診ることができる病院は案外少ないのが実情。健康診断、爪切り、なんでもいいので、健康なうちに理由をつけて、我が子の主治医を見つけておきましょう！

フワフワ

♪~
羽づくろい中
自分の体から出た羽
フワ…
……
なにコレ!?
!?
ぎゃ~!!
時間差で騒ぎはじめる

ウォーキング

ウォーキングはとっても体にいいんです
どんどん歩きましょう
ウォーキング……
スタタ…
なるほど!!
スタ…
ピースケ!!おやつだよ
スタタタタ…
はっ!!
いただきま~す
飛んだほうが早くない…?
スタ…
スタッ
スタタタタ…

PART2

インコを知る

もっとお話、聞きたいの

おしゃべりする理由

おしゃべりを覚えるのはもっと仲よくなりたいから

ペットを飼うすべての飼い主さんの永遠の夢、「ペットとおしゃべり」。犬や猫ではあり得ない話ですが、インコたちなら不可能ではないのが、すごいところ。

とあるオオハナインコは、宅急便の配達員がチャイムを鳴らすと、「オマチクダサーイ!」と答えて待たせたり、子どもが泣くと「アラ、ドシタノ」と声かけもします。掃除機の音には「ウルサイ!」とクレームをつけることも。

オカメインコのショウウくんも、

しっかり聞いてるよ♪
それでね〜彼氏がね〜
うちの課長がさあ…
フン
フン

「ショウクン、オハヨウ」と、なかなかのおしゃべりじょうず。家族からたくさんほめられ、ドヤ顔です。

インコが言葉を覚える背景には、飼い主さんと今以上に仲よくなりたいという気持ちがあります。

飼い主さんがおしゃべりを喜んでくれれば、愛鳥はもっと覚えようとハッスルしちゃうのです。

ですから、もし、インコがなにか話しかけてきてくれたら、おおいに喜び、おおいにほめてあげましょう。

日ごろから密にコミュニケーションをとって、愛鳥の気持ちを飼い主さんがひきつけておくことが、言葉を覚えるカギになります。

鳴き声には理由があるのだ

地鳴きとさえずり

インコは鳴き声を使い分けます

インコには2つの鳴き声があります。ひとつは「地鳴き」、もうひとつが「さえずり」です。

地鳴きは、インコが周囲の物音や人に対して警戒しているときや、おなかが空いてエサをねだるときなどに発します。

さえずりは、オスがメスに求愛するとき、あるいは自分の縄張りを主張するときなどに発します。

メスに比べるとオスの鳴き声のほうが、複雑でよく通り、力強さが感じられます。

それがインコのモノマネの完成度にも影響しているようで、オスのほうが、モノマネが得意な子が多いのです。気持ちをひきつける行為に長けているのはオスなんですね。

そのほかに、「呼び鳴き」というものがあります。その名のとおり、仲間（飼い主さん）を呼ぶ鳴き声ですが、来てくれるまで大声で鳴き続ける場合も。それも、ほんとうに来てほしいときと、ちょっと呼んでみたときがあるようです。

呼ばれても行けないときには、「ココにいるよ」と声だけでもこたえてあげると、インコは安心します。

怒っているときのしぐさ

今の気持ち、羽に表れてるんだけどわかんないかな！

顔の羽毛が逆立っているときは要注意！

インコの気持ちは羽毛の表情として如実に表れます。

愛鳥が羽を逆立ててプンプンと怒りをあらわにしているのに、飼い主さんが「うちの子って、もふもふしていてカワイイ」などとトンチンカンなことを考えていると、「ほんとにわかってないんだから！」と、不機嫌なインコを余計に激怒させてしまうことにもなりかねません。

インコは、人間以上に空気が読めない相手に手厳しいもの。怒らせてしまったようなら、「ごめんね」と

謝って、速やかに撤退しましょう。

コザクラインコなどのラブバードは気が強いことで有名です。

サクラも気の強い女の子で、飼い主さんはしょっちゅう怒られていますが、たいていが本気で怒りをぶつけているわけではないようです。

口を大きく開けて、「カーッ」と威嚇の表情をしたり、軽く甘がみしたりするだけで、飼い主さんはサクラの気持ちを理解してそっとしておきます。

インコが発する「それ以上やったら怒るよ」のサインを敏感に感じとり、「空気の読めない飼い主」と呼ばれないようにしたいものですね。

うれしすぎて
ワキワキ
しちゃうぞ！

喜んでいる
ときのしぐさ

インコはうれしいとき 翼を上下に浮かせます

翼を上下に浮かせるようにするしぐさを、愛鳥家の間では「ワキワキ」と呼びます。ワキワキして止まり木を行ったり来たりするのは、インコならではの「喜びの舞」。両翼を水平になるくらい広げた「ビッグワキワキ」はワキワキの最上級です。

水浴びが好きなサクラは、飼い主さんが水浴びの準備をはじめると、うれしくてワキワキが止まりません。

ただし、暑いときにも、この「ワキワキ」は見られます。翼を浮かせて体温調節をしているのです。真夏

のワキワキでクチバシもパクパクしているなら「私に会えてそんなにうれしいの?」などとのんきなことをいっていないで、速やかに冷房のスイッチをオンして。

ワキワキは、「遊んで!」「おやつがほしい」などのアピールでもあります。飼い主さんの帰りを待ちわびていたピースケも、飼い主さんの姿が見えるやいなやワキワキ、ワキワキ。けれど、決められた放鳥時間があるので「ちょっと待っててね」と、飼い主さんはルールを教えます。

それでいいのです。甘えてくれるのはうれしいけれど、安全のためにはルールを守ることも必要ですから。

クチバシですから
歯ぎしりでは
ありません

眠いときの
しぐさ

クチバシをギョシギョシするのは入眠準備

「子どもの寝顔ほどかわいいものはない」といいますが、インコのそれも負けていません！　ナデナデしているうちに、飼い主さんの手のひらでうっとり寝てしまうときのインコときたら……♡　そんな特別な姿を見られるのは飼い主さんの特権です。

このとき、インコたちは眠くなる成分を放出している（みたいな）ので、飼い主さんもつられて、インコを握ったまま寝入ってしまわないように気をつけて。

ピースケは眠りにつく前に、念入りに羽づくろいをします。そして、羽毛の間にたっぷりと空気を含ませて、ふんわりとふくらみ、その羽毛の中にクチバシと脚を収納します。寝たかな、と飼い主さんが見ていると、落ち着かないのか、片目だけ開けてチラっと見てくることも。

眠りにつくインコからは、歯ぎしりのようにギョシギョシとなにかをこすりあわせる音が聞こえてくることがあります。けれども、インコたちには歯はありません。

これは、明日に備え、クチバシを研いでいる音。お休み前の歯磨きならぬ、お休み前のクチバシのお手入れってことですかね。

本日も絶好調!

朝、ご機嫌にさえずる理由

朝を迎えるのが楽しみなインコたち

機嫌よくさえずる声は、インコの好調の証。

朝起きて、カーテンを開け、元気なインコの声を聞くと、「今日もがんばろ!」と元気をおすそ分けされた気分になりますよね。

さえずりは、進化した鳥さんがもつ鳴き声といわれ、明確な意思のもと発声されるものなのです。

朝のインコのさえずりは、飼い主さんに「おはよう」「今日もご機嫌だよ」と伝えたい〝意思〟をもったものなのでしょう。

おしゃべりができるピースケは、カバーを外して起こしてもらうと、実際に「オハヨウ」と元気にあいさつをします。

早朝に野鳥のさえずりを聞いたことがあると思いますが、それは再び明るい朝を迎えることができた喜びの合唱と考えられているそう。

インコの多くも、飼い主さんが起きてきて、遊んでくれる朝を楽しみにしています。

朝になると「ああ、また会社に行かなきゃいけないのか……」なんて憂鬱になってしまう私たち人間などは、インコを含む鳥さんたちを見習いたいものですね。

季節に合わせた温度で過保護にしすぎないように

たいていのペットの飼育本では、「適温を保つこと」が重要視されますが、インコの場合は必ずしもそうとはいえないようです。

インコは、一定の気温・湿度をずっと保つことで、発情行動が促されてしまうことがあるのです。

発情が続くと、体力が落ちてしまうため、不必要な発情は避けたい。そこで、季節によって湿度・温度は適度に変化をつける必要があります。

「何度か目安がないと困っちゃうわ……」という場合、よい計測器が目

1年中同じ温度なのはどうかと思うよ

暑いとき寒いときのしぐさ

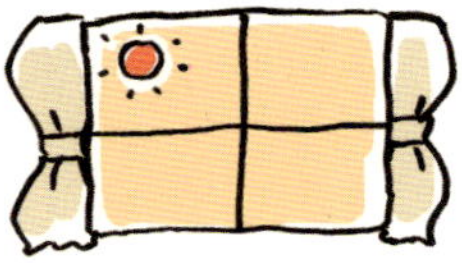

の前にいますよ。

　そう、インコの様子を見るのがいちばんです。

　インコは寒いと、羽毛をふんわりとふくらませて空気の層を作ります。これは鳥類ならではの体温を逃がさないための工夫です。

　暑いときはどうなるかというと、両方の翼を浮かせるようにワキワキして風通しをよくし、体に熱が籠らないようにします。

　温度計に惑わされず、インコがふくらんだら温め、ワキワキしたら涼しくというのが、あくまでも基本。特に、病気や高齢のインコ、ヒナは寒がらせないよう気をつけて。

インコは基本的におく病

放鳥中、物音などでびっくりすると、ピースケはサッと上のほうに飛び上がり、カーテンとレールの隙間あたりに身をひそめ、様子をうかがいます。

それが翼のあるインコたちにとって、予期せぬ敵から身を守るための術《すべ》なのでしょう。

サクラは、飼い主さんの手の中で遊んでいる最中、驚くことがあると、勢いあまってガブッと手にかみついてしまいます。

ショウくんがケージの中で驚いた

びっくりしたなあ！もう！

驚いたときの行動

場合はたいへんです。バサバサと暴れたかと思うと、次の瞬間、ケージの床に落ちていることがあります。

特にオカメインコは、物音や振動、光などに敏感です。そのうえ、瞬発力もあるため、ときにはケージの中でケガをしてしまうことも。

いわゆる「オカメパニック」です。驚いた後は、ニョキッと首を伸ばし、周囲をキョロキョロ見回し、何事もなければ落ち着きます。

インコがなにかに驚いたり、パニックになったときは、飼い主さんまでいっしょになって慌てないように。落ち着いて「大丈夫だよ」と声をかけてあげましょう。

お～い、ヒマだ～。
遊んで～！

遊んでほしい、
かまって
ほしいとき

インコのかまってサインにどのようにこたえますか？

かまってほしいときのサインは、千差万別。

ピースケは飼い主さんに向かって得意のおしゃべりをしはじめ、サクラはエサ箱をひっくり返したり、青菜を菜差しから全部引っこ抜いたり、おもちゃを落としてみたり……。

人間には趣味や気分転換など、楽しみもたくさんありますが、飼われているインコは、自由に遊ぶことができません。

インコのいうことをなんでも聞いていると、ワガママになってしまう……という考えもありますが、可能であれば、インコの「かまって」サインにはこたえてあげたいもの。

こちらが、インコにおやつなどをあげてトレーニングをするように、インコも飼い主さんをコントロールできないものかと思っています。

ダメなことはダメと教えてあげる必要はありますが、たとえば、「外に出して」というアピールにこたえられないのであれば、ケージ越しに遊んであげるとか、少しでもこたえてあげることで、インコも納得してくれるのではないでしょうか。

「無視」というのは、人間にとっても辛いことですよね。

インコの孤独

ひとりぼっちはニガテなのです

ひとりぼっちでも退屈しない工夫を

インコも私たち人間と同様、ブルーな気分になります。

たとえば、無理やりケージに戻らされたときや、鳴き声がうるさいからとケージごとカバーをかけて外との交流をシャットダウンされてしまったとき、ひとりぼっちの時間が長いときなどです。

そんなことが続くと、さみしくて、悲しくて、おもちゃや自分の体に八つ当たりしてしまうことも。

誰もいないひとりぼっちの時間、インコはどうしているでしょうか。

なにもしていないことが多いようです。ケージの片隅、一か所に溜まった排泄物の山がそのことを物語っています。

なにもすることがなく、一日じゅう同じ場所でじっとしていたであろうインコのことを思うと、胸がチクリと痛みますよね。

ケージの中での暮らしはそもそも退屈なもの。だけれど大好きな飼い主さんがいるから待っていられるのです。おもちゃやごはんは日替わりにするなど工夫して、愛鳥には毎日を楽しく忙しく過ごしてもらいたいものです。さみしさを感じることがないように。

なんだか知らないけど、
ムカつく〜!!

イライラ
するときも
あるよね

それ以上怒らせないようはれ物にはさわらない

愛らしい見た目とは裏腹に、インコは案外怒りっぽい生き物です。

自分の要求が通らないとき、または縄張りを侵害されたと感じるときなどには怒りをあらわにします。

怒っているときのインコの目は、マンガのように三角形につり上がって見えるもの。頭の羽毛を逆立て、瞳孔を収縮させ、攻撃的な様子でクチバシを開き、カツンカツンと威嚇してきたりします。

そんなとき、「いったいなにが気に入らないの！」などと、飼い主さんまで一緒にエキサイトすると、収拾がつかなくなってしまいます。

特に発情期や「巣引き」（飼育下の鳥が繁殖すること）のとき、羽の抜け替わる換羽期には、インコもピリピリしがち。

生理的なものですので、「なんて反抗的な子だ」と腹を立てたりせず、その時期が過ぎるのをおとなしく待つのがオトナの対応です。

愛鳥の苛立ちが年がら年中というようであれば、ケージが狭すぎないか、食事の栄養はとれているか、放置しすぎていないか、あるいはどこか痛みを抱えているのではないかなど、見直しが必要です。

インコも、伸びやアクビでリフレッシュします

私たちも気分をリフレッシュしたいとき、軽くその場で背伸びをしてみたり、腰に手を当てて後ろに反り返ってみたりしますよね。

インコの場合、翼や脚をスサーッと伸ばすストレッチがそれに当たります。

ケージから出してもらったピースケは、ストレッチをすると、いそいそと綿棒のしまってある棚へと向かい、引っこ抜いて遊びはじめます。

このインコストレッチには、「よし、やるぞ！」と気合を入れ直す意

よ〜し、
いっちょやりますか！

インコの
やる気
スイッチ
ON
シャキーン!!
フン!!

味合いがあるようです。

　インコは、モモヒキ（太ももの部分）に力を入れて、ぐっと上に伸びるようにしながら、自身のやる気スイッチをオンしているんですね。

　伸びだけではなく、インコもアクビをします。これも、人間と同様にアクビによって新鮮な酸素を血中に送り込み、脳を活性化させせようとしているよう。

　ただし、強いストレスを感じたときにもアクビが出ることがあります。アクビによって、ストレスをやわらげているのだそうです。頻繁に見られるようであれば、不調のサインではないか疑ってみましょうね。

自分の名前を愛したいよね

名前を呼んでも飛んでこない心理

「名前を呼ばれるとロクなことがない」と思わせている

「うちのインコ、呼んでもぜんぜん無反応なのよ……」

悩みというほどではないけれど、「どうしてかな？」と、気になっているというお話、意外に聞きます。

そんな飼い主さんに話を聞くと、共通してやっていることがひとつ。

「こら！　ピーちゃん！」

「待て！　ピーちゃん！」

など、叱るときや追いかけるときに、愛鳥の名前を連呼してしまっているのです。

それをやってしまうとインコの中

で「自分の名前↓イヤな予感↓逃げるが勝ち」という図式ができあがってしまい、「聞こえないフリ〜」と考えるようになってしまいます。

せっかく思いを込めてつけた、我が子の名前。愛鳥にも好きになってほしいですよね？ であれば、ネガティブなこと（しないでほしいことを伝えるときなど）には、名前を呼ばないほうがよさそうです。

放鳥中に愛鳥の名前を呼んで自分のもとに飛んでくることができたら、おやつをひとかけら。これを繰り返すことで、呼べば飛んでくるようになります。「名前＝いいこと」と思わせることがポイントです。

答えはすべて目の中にあり

目に表れる気持ち

気分によって瞳孔の大きさが変わります

「目は口ほどにものをいう」とはよくいったもの。

インコも、焦点を合わせるかのように、瞳孔が広がったり縮んだりを繰り返すことがあります。そんなとき、いったいどんな気分なのでしょうか。

よく、うれしいときや恋をしているときの表情を「目が輝いている」などと表現しますが、これはうれしい気持ちから瞳孔が拡大し、黒目がちになった目が潤んでいるように見えるからなのだとか。

目でうったえ中
キラキラキラ…
遊んで…
遊んでっ…

インコも同様で、興味があるものが目の前にあると、瞳孔が開きます。驚いたときにも瞳孔が開きます。逆に、怒りや悲しいことがあったとき、瞳孔は収縮するようです。

瞳孔が開いたり縮んだりを繰り返すのは、興味津々か、びっくりしているか、怒っているかのいずれか。

怒っているときのインコは、今にも飛びかかってきそうな雰囲気をムンムンと醸し出しているので、いつも見ている飼い主さんなら違いはわかるでしょう。興味津々のときは、言葉や芸を教えるのにぴったり。

ぜひ、愛鳥と、目と目で通じ合う仲になりましょう。

気持ちよすぎて白目むいちゃう（わけじゃない）

インコは3つのまぶたをもつ

鳥類などがもつ「瞬膜」は第3のまぶた

インコにはまぶたが3つあります。ひとつめの上まぶたは、文字通り上からおりてくるまぶたのことで、私たちのまぶたと同じ機能を果たします。

ふたつめは下まぶた。普段、まばたきをするときは上まぶたで行い、カキカキしてもらったり、気持ちいいと感じたときなどには下まぶたが上がってくる、と愛鳥家の間ではまことしやかに語られています。

気になる3つめのまぶたは「瞬《しゅん》膜《まく》」といって、上下のまぶたと眼球の間にある半透明の膜のことです。鳥類や爬虫類《はちゅうるい》、そして一部の両生類と魚類には、この瞬膜があります。

瞬膜には飛んでいるときに目を保護したり、清潔に保ったりする役割があります。

日ごろはとてもすばやく瞬膜を使っているので、なかなか見ることはできないのですが、インコがうたたねしているときはチャンス。

まるで白目をむいているようにも見え、ギョッと驚いてしまうかもしれませんが、愛鳥がそれだけ安心しきっている証。貴重な瞬間に立ち会えたことを喜びましょう。

強面、ガサツな人は生理的にないわ～

インコに好かれたければ落ち着いた礼儀正しい人であれ

子どもに好かれる人と好かれない人がいるように、インコがすんなりと懐く人がいる一方、その人がいるだけで、ケージから頑なに出てこなくなってしまうほど拒絶される人もいます。

その差はいったいなんなのでしょうか？ インコの反応から、うかがえるのはこんなことです。

たとえば、黒い服はインコの趣味には合わないようです。黒は忍び寄る影の色でもあり、威圧感や脅威を感じさせるのかもしれません。

声や動作のやたらと大きな人もあまり好まれません。

また、インコ好きな人が必ずしもインコに好かれるのではない……という切ない現実も。満面の笑顔で積極的にインコとふれあおうとするのですが、そういう人に限ってなれなれしいとばかりに、ガブリとやられてしまうようです。

インコにモテる人の共通点は、優しく静かな雰囲気をまとっていること。手を出すときにも、いきなり手を出さず、「いーい?」と尋ねる礼儀正しさも好感度高し。とって食ってやろう、みたいな挑戦的な雰囲気がないことが大切なようです。

インコの
反抗期

いつまでも子ども扱いしないで！

反抗期は成長の証
嵐が過ぎ去るのを待ちましょう

よくなれていたはずのインコが、突然よそよそしくなり、他人のような顔をして逃げ惑う。なかには血がにじむほどかみついてくる子も……。

そんなインコたちを見てしみじみ思うのです。ああ、インコにもイヤイヤ期（反抗期）ってものがあるのだな、と。

そのような態度で応戦されると、こちらもショックを受けたり、ふれあうことが怖くなったりしてしまいますが、ここが、愛鳥との関係づくりにおいての踏んばりどころ。

というのも、このイヤイヤ期は一過性のもので、一生続くものではありません。

イヤイヤは、自分のしたいことを好きなようにやりたいという自立への第一歩。ヒナのような従順な時期を過ぎ、「もうお兄（姉）さんなんだから、子ども扱いしないでよね！」とばかりに、反抗的な態度をとることで、主張しているのです。

そんなインコの気持ちを尊重してあげることも、親代わりである私たちの役目のひとつなのかもしれません。嵐が去るのをひたすら待てば、また必ずや以前のような関係に戻れるはずですから。

遊び？　邪魔だから？
ものを落とすのがなぜか好き

サクラは、ペレットや青菜をクチバシでひたすら水の中に落として、ぐちゃぐちゃのミネストローネを作るのが趣味です。

ピースケは放鳥中に、テーブルの上にある細々としたものをせっせと下に落とし、ショウくんは子どもが積み上げたブロックを床に落とすのが生きがい。

落とすものはそれぞれ違えど、落とした後の反応は、なぜかみんな同じ。下を見て、くるりと小首をかしげるのです（超かわいい）。

ものを落とすのが趣味です

なぜ
ものを
落とすのか？

どうしてインコはわざわざものを落とすのでしょうか？

インコに聞いてみなければわかりませんが、自分にはものを落とす力があるということを誇示しているのかしら、なんて思います。というのも、あの満足げな表情、「どうだ！ボク（アタシ）ってスゴいだろう」という、ドヤ顔に見えませんか？「ボク（アタシ）落とす役。アナタ（飼い主さん）拾う人」という、インコ的おままごとであるという説。あるいは、お掃除のつもり？　なんてことも考えられます。

さて、お宅のインコの落とし物はなんですか。

用はないんですけどね……

インコの
呼び鳴き

呼び鳴きはそんなに深刻に捉えないでOK

インコの問題行動のひとつに「呼び鳴き」があります。飼い主さんの姿が見えるたびにピーピー、見えなくなったら見えなくなったでピーピー。特に甘えん坊のオカメインコの飼い主さんに多発中のお悩みです。

まるでその声に責め立てられているようで、まじめな飼い主さんほど追い詰められた気分になってしまい、事態は深刻です。

先輩飼い主さんからアドバイスをもらうと、「気にしなくても大丈夫」と解決策とはいえないお答えが。

でも、本当に、呼びかけにこたえられないときは、無理してこたえなくても大丈夫なんです。

そのかわり時間や心にゆとりがあるときには、愛鳥といっぱい遊んで、いっぱいほめて、たくさんかわいがってあげればOK。

ショウくんは、やはり飼い主さんをよく呼んでいました。そこで、飼い主さんは違う部屋から「ホーホケキョ」と口笛でこたえることに。モノマネが得意なショウくんは、そのうち呼び鳴きも口笛になりました。今では季節を問わず、ホーホケキョ、ケキョケキョと互いに鳴き交わして楽しんでいます。

インコ界のステータスはより高いところであります

低いところは落ち着かない

高いところのほうが落ち着きます

　お宅のインコちゃんは飼い主さんのどこに止まりますか？　頭の上、肩の上、あるいは指でしょうか。

　指に止まっていたのに、こちらが座るとバサバサと飛んでいってしまいませんか？

　そう、インコたちは高いところが大好きなのです。

　それは低い位置にいると飛び立つときに不利で、外敵に狙われやすくなることも関係しているようです。

　ですから、ケージの中でも止まり木の一番高いところに止まって寝るわけです。

家族で飼われているショウくんは、背の低い子どもよりも、背の高いパパに止まりたがるよう。子どもがパパに勝つためには、なるべく高めのいすに座り、手を上げるようにして指に止まらせること。

ただし、頭上のように手の届かない場所を定位置にされると、こちらがコントロールできなくなることもあるので要注意です。

より目線が高いところを陣取れるかがインコ界のステータスなようですから、頭上をジャックさせることなく、なるべく目線近くで対等に交流しましょう。

行動だけでなく、気持ちまで一緒にしたがるインコ

インコを含む鳥類は群れで生活しています。仲間に危険を鳴き声で知らせるなど、集団行動することで身を守って生きているのです。

野鳥の集団を見ていると、1羽が飛び立つと一斉に飛び立つことがありますよね。あれも、身を守るための本能的な行動のひとつ。危険を察した1羽にならって、すばやく飛び立つことで自分を守っているのです。

ペットのインコも、そうした本能から仲間と同じ行動をしたいという意識をもちます。

一緒だとうれしいね

一緒が好きな心理

ピースケは、飼い主さんがごはんを食べはじめると、一緒に食べはじめます。

仲間と見なした飼い主さんと同じ行動をすることで、安心感を得ているんですね。

そして、インコは同じ行動をするだけでなく、気持ちまで共有したいと思っています。

ショウくんは、家族がテレビでサッカーを観戦していると、一緒に首を振って応援。ゴールシーンで喜べば、やはり一緒になってワキワキ喜びます。

気持ちまで共有できちゃうなんてインコいとおしすぎです。

発情は、健康のためになるべく抑えたい

幸せなインコは、ちょっとしたことで発情のスイッチが入ります。目を点にして腰をせっせと振るインコ男子たち、ケージに卵を産み落とし続けるインコ女子たち。

過剰な発情が続くと、オスは精巣腫瘍のリスクや吐き戻しによる衰弱につながります。メスは産卵による衰弱や卵詰まりで命が危険にさらされてしまう恐れも。

お部屋はいつも暖かくて、日照時間も長くて、おいしい食べものがふんだんにあって、刺激的なおもちゃ

あらあら、そんなに私のヒナがほしいのね

発情する条件

もわんさかあって、さらに大好きな飼い主さんがそばにいてくれたら準備は万全。「さて、そろそろ子どもでも作ろうか」という気分になってしまうわけです。

そう、インコが頻繁に発情するということは、飼い主さんに愛され大切にされていて、幸せな証拠ともいえます。

ただ、その発情が寿命を短くしてしまうということは先に述べた通り。

その矛盾に悩むこともありますが、発情を止めるためにできることは、なるべく過保護にしないこと。愛鳥の健康を守るためにも飼い主として心に留めておきましょうね。

発情を抑えるワザ

愛のムチにもめげないわ！

発情させないために過保護＆ラブラブを封印

過度な発情を止めるために、心がけたいことがいくつかあります。

まず、定期的にケージ内のレイアウトやケージの置き場をかえること。安泰すぎる環境は発情につながりやすいので、インコにとって極度のストレスにならない程度のお引っ越しやリフォームをときどき行います。妙に落ち着かせないためです。

次にむやみやたらに爪や唇を近づけないこと。インコの近くでの甘い囁きと爪でのコチョコチョは、インコにとってつがいの愛情を確認する

行為にほかなりません。

発情を抑制するためには、ごはんはいつも以上の粗食がベスト。高カロリーなナッツ類や甘いフルーツはもってのほか。インコにとって「食べものに恵まれている＝繁殖シーズン」なのです。同じ理由から、ダイエットをさせるときもあります。

発情の対象になっているおもちゃも取り外し、巣材になりそうなティッシュなどは隠します。

そして、夜は早めにケージを暗くし、過度な保温は止めます。

しかし、そこまでしても愛の力は強く、なかなかやまないのが発情なのです。

オトナ女子が
タイプかな〜

子ども&男性よりも オトナの女性に軍配が

オトナの女性の皆さま、おめでとうございます。インコは、良識ある成人女性が基本的に大好き。物腰がやわらかく、声も穏やか、動きも優雅。インコも怯えずに持前の好奇心を発揮することができるようです。

その一方で、インコにニガテとされがちなのが、残念ながら男性陣。

体は大きく、声は低く大きめ、動作はがさつetc……。「とんだ偏見だ！」と怒らないでくださいね。小さなインコにとっては、命を脅かす警戒すべき相手に映ってしまうのかもしれません。

ただし、例外もあります。

以前、ピースケはテレビ局の取材を受けました。家の中に数時間、男性カメラマンがいたのですが、ピースケはカメラマンのところにばかり飛んでいっていました。どうやら同じ男性でも、無口で大木のように動かない人はタイプらしいのです。

では、子どもはどうでしょうか。悪気はなくても予測不能で急な動きをすることが多い小さい子に対しては、インコの警戒心はMAXになりがち。子どもとインコを近づけるときは、大人が間に立って仲をとりもってあげる必要がありそうです。

オスの性格
メスの性格

男の子も女の子も、どっちもかわいいでしょ?

メスはクール オスは甘えん坊!?

「オス、メスでひとくくりにしないで」とインコに怒られそうですが、個体差はもちろんあれど、性別による性格の違いはインコにもありそうです。

基本的にメスはマイペース。さみしくないわけではないけれど、ひとりの時間も自分なりに過ごすことができて、食欲も安定している子が多いようです。

逆に1羽飼いだと、これでもかというばかりに飼い主さんに全身で甘えてくるのがオス。その分、ひとりで過ごすことをさみしがり、毛引きしてしまったりする子もいます。

愛鳥とのふれあいを楽しみつつ、自分の時間も大切にしたい、適度な距離感が理想、と考える飼い主さんならメス、アフターファイブは一目散に家に帰り、週末も愛鳥と過ごすのが当たり前というベタベタの関係にあこがれるならオスがピッタリでしょうか。

とはいえあくまでそういう傾向があるという話で、メスでもさみしがり屋さんもいますし、オスでもクールで心を開こうとしない子もいます。

みなさんはオスとメス、どちらがタイプですか。

ニガテなアイツでも、
いないよりは
マシなのかな～

1羽飼いは
さみしい？

インコは、ひとりぼっちが苦手な生き物

インコが一匹狼のごとく、1羽だけでひょうひょうと生きていくことは野生下ではありえません。

そのため、インコはひとりぼっちの時間があまり長くなると、精神的に落ち着かず問題行動が増えてきてしまいます。

幼いころから1羽だとなれることもありますが、多くのインコにとって、同じおうちの中にもう1羽インコがいるのといないのとでは、そのさみしさには雲泥の差があるようです。たとえ、気の合わないどうしでも、ケージは別だとしても、「ひとりよりはマシ」なのだそうです。

ただ、住宅事情などで、これ以上増やすのはムリという場合もあります。その場合は、一緒に過ごせる時間はなるべく声をかけて、同じ部屋で過ごすようにしましょう。それだけでもインコの気持ちとしてはずいぶん違うと思います。

飼い主さんが留守の間、インコがひま疲れしないためにも、ワラやい草などで作られたかじって壊すことができるおもちゃや、粟穂、青菜など、気を紛らわせることができるものをケージに入れておくのをお忘れなく。

アイツも同じインコなのかな？

異種の鳥さんを飼う

異種同居は難しいけれど、ケージを分ければ問題なし

今飼っているインコ以外、他種の鳥さんもお迎えしてみたい。鳥好きであれば、誰しも一度は考えることだと思います。

品種による性格や行動の違いは興味深いものがありますから、ケージを分けて飼えるのであれば、ぜひもう1羽おすすめしたいところ。

小さい鳥さんは大きな鳥さんにあこがれるところがあるようで、セキセイインコが、オカメインコのカゴに遊びに行っているなどの話もよく聞きます。さらに、オカメインコは中型インコのカゴに遊びに行ったり、中型インコがオウムと遊びたがってもオウムのほうは素知らぬ顔だったり。鳥どうしの相関関係を見守るのも、なかなかオツなもの。

　異なる種の鳥を同じケージで飼うこともできるにはできますが、そこはきっちり相性を見極めてから。攻撃されたときに身を隠せる場所と、エサや水もインコの数だけ置ける程度の広いケージが必要です。

　特にラブバードは縄張り意識が高いので、ほかの鳥さんとの同居には向きません。

　基本的には、ケージは分けてお迎えすることをおすすめします。

ほかの動物と暮らすときは飼い主さんがよく注意して

インコを愛すれば愛するほど、ほかの動物たちにも愛情や興味をもつようになることもあるようで、インコ＋ほかの動物を飼育する家庭は案外見受けられます。

ある家庭には、大小インコ＆オウム＆モルモット＆うさぎ＆室内犬がいます。

モルモットは草食でおとなしい動物なので問題ナシ。インコたちと同じお皿からグリーンを食べる間柄。

うさぎは青いインコが好物の青菜にでも見えるのか、よくにおいを嗅

ほかの動物との同居

コイツは明らかに
インコでは
なさそうだが……

いでいます。

犬はというと、インコのケージのそばでナッツ味のペレットが落ちてくるのを待っているのが好きなようですが、インコのほうはがさつな犬の態度に若干迷惑そう。

さて、とある鳥類研究家は、鳥飼いでありながら、成り行きで子猫を保護。ほかに貰い手が見つからないまま20年間、猫とインコの同居を成功させました。ヒケツを聞いたところ、思わぬ答えが。

「部屋を分けて猫が鳥の鳴き声に反応していても、うちに鳥なんかいないよって、20年間ただひたすらいい聞かせ続けただけ」だそうです。

飼い主の条件

ペットショップにいたころ
ペラ
ふーん…
飼い主リスト
ルックス…好み、
稼ぎは…まぁまぁ、
性格は優しそうね
あ〜
だけど
惜しいわ!!
惜しいの!!
リスト
パタン
飛べれば
完璧なのに…
アハハハ…
バサササ
ポワワ

女子

インコの女子はいっぱい
話しかけられると
発情しちゃうんです
ポッ
サクラちゃん
かわいい!!
ミス
コザクラ
!!
ポロリン…
あ
たまご
インコの女子は
背中をなでられると
発情しちゃうんです
なでなで
ポ
あ
ポロリン…
んもう!!
また軽々しく
そういうこと
するー!!

PART3

インコと遊ぶ

お仕事は遊ぶことです

遊びが必要な理由

留守のおともに刺激的なおもちゃを

野生のインコたちは、広大な大地を翔けめぐり、食糧や水を探し、ときには縄張り争いを繰り広げながらヒナを育てるのがお仕事。つねにストレスにはさらされていますが、退屈とは無縁な生きがいのある生活が想像されます。

かたや、人間に飼育されて生きるインコたちはどうでしょう。空調の行き届いた部屋でエサや水の不自由もなく暮らす生活は、ストレスはないものの、そこに生きがいを見出すことはできるのでしょうか……。

そこで、人間と暮らすインコたちには「遊び」が必要になってきます。

もともとインコは脳が発達していて、好奇心が強い生き物。野生下では命取りになりかねない好奇心も、人間の飼育下であれば存分に発揮することができます。

愛鳥をひまにさせないことは、飼い主さんの使命です。留守にするのであれば、刺激的なおもちゃで、飼い主さん不在でも生き生き過ごせるように演出したいもの。ワラでできたかじって遊ぶタイプや、知恵の輪のような頭を使うタイプなど、おもちゃにもいろいろあります。愛鳥の好みをぜひ探ってみましょう。

放鳥タイム
への
お誘い

待ってました！放鳥タイム!!

外に出たがるインコもいれば出たがらないインコもいます

狭いケージの中で暮らすインコたちのストレスを発散させるには、お部屋での放鳥が一番。

そうはいっても、ケージから出てこようとしないインコもいます。

ケージから出ない理由はいくつかあり、ケージの扉が小さくて尾羽や頭がつかえてしまいそうで怖いという物理的な問題、ケージは自分の縄張りだと威嚇して出てこないなど心理的な問題（特にラブバード）、そのほか人が怖いという場合も。

しかし、もともとは自由に空を飛

び回っていたインコなのですから、外でノビノビと過ごさせてやりたいもの。それに、外でもっとスキンシップもとりたいですよね。

そこで、「外は怖くないよ」「放鳥タイムは楽しいよ」ということを知ってもらうのに一役買うのがおやつ。お気に入りのおやつを使って、少し外に出られたらごほうび、もっと外まで出てこられたらごほうび、と少しずつならしましょう。

放鳥タイムが楽しくて、なかなかケージに戻らない子は、外にごはんやお水を置かないようにして、「おなかが空いたから帰ろ」と自分から帰りたくなるようにしましょう。

ひとりじょうずでしょ？

身近なものが
遊び道具に
おいしい
ペットボトルのフタ
綿棒とつまようじ
チラシ
ボタン＆リボン
スマホ

身近なもので
インコはじょうずに遊びます

飼い主さんが必死に遊んであげなくても、インコはひとり（1羽）でもじょうずに遊びます。

ピースケのお散歩友だちはペットボトルのフタ。クチバシの先で突いて走らせ、その後をペタペタと恐竜のような姿で威勢よく追いかけていきます。

綿棒や先端を折って丸めたつまようじも大好き。目の前に置くと、机の端からせっせと落とし続けます。

臆病なショウくんは、いわゆる鳥さん向けのおもちゃはニガテ。派手なバード・トイよりは、洋服のボタンや飾りリボンなど、取れそうで取れないものが気になるご様子。クチバシと脚を使って壊そうと、ひとり遊びに没頭します。

サクラはチラシを渡すと、ビリビリと裂いて尾羽に美しく挿し、別のインコに大変身。

そうそう、スマホが大好きなインコもいます。動画、静止画、いずれかの撮影モードにしておくと、インコによる自撮りがはじまります。レンズに寄りすぎてブレブレ画像がほとんどですが、ごく稀にベストショットが撮れることも。騙されたと思ってお試しあれ。

かんたんなアイデアで遊びをグレードアップ

遊びがマンネリ化してきたら、お気に入りのおやつやおもちゃを薄手の紙でキャンディーのようにくるりと包んで、愛鳥に「ハイ、どうぞ」。インコは警戒と好奇心にワキワキしながら、包み紙をむきむき。ちょっとした「宝探しゲーム」です。

この遊びを愛鳥が気に入ってくれたら、いつもは遊ばないおもちゃも、包装紙でまるっと包んでしまいましょう。破いた末に出てきたおもちゃは、自分が苦労して見つけたという達成感もあり、所有意識が芽生

なかなか遊び心をくすぐるね〜

遊びに誘うアイデア

えるのか、すんなり遊びはじめることがあります。
　ストラップや根付鈴も光モノ好きなインコに人気。ピースケは、テーブルの上に置かれた鈴を、そっとひもでひっぱると夢中になって追いかけます。「インコ釣り」です。ただし、メッキには毒性があるので自由にかじらせるのはNG。
　ラブバードにおすすめの遊びはトンネルごっこ。トイレットペーパーの芯をいくつか転がしておくだけのお手軽さ。サクラもカジカジかじっていたかと思うと、いつの間にか姿が消え……筒の中にすっぽり収まってウトウトしていたりします。

自分の居場所は自分で決めるぜ

遊びコースにもひと工夫

止まってもいい場所を提供してあげよう

インコはよくカーテンレールの上に止まってこちらを見下ろしてきます。手が届かないだけでなく、掃除も行き届いていない場所に腰を落ち着け、モフモフとふくらみ眠りにつかれるのは、かわいいですが困ったものです。

そうならないよう、インコたちの居場所をあらかじめ提供するのもひとつの手。

たとえば丸型洗濯ハンガー。ピースケは、メリーゴーラウンドとして喜んで乗ります。洗濯バサミに鈴や

ビーズなどをぶら下げると、気持ちおしゃれ感もアップ。インコもハイになることうけ合いです。

次におすすめなのは、ハンギングタイプのワイヤーバスケット。こちらは洗濯ハンガーほど違和感なく、おしゃれ系リビングにもしっくりなじみます。

警戒心の強いショウくんは、はじめこそバスケットに隠されたおやつを目当てにやってきましたが、ゆらゆら揺れるカゴが楽しくて、今ではお気に入りの居場所のひとつ。

手が届く位置にいてもらえ、一石二鳥な簡易アスレチック。ぜひ愛鳥の遊びコースに取り入れてみて！

邪魔をする理由

私以外のものに熱中しないで

飼い主さんの気をひくためにイタズラするインコたち

お休みの朝、のんびりとコーヒー片手に新聞紙を広げていると、その上にズカズカと乗ってくるピースケ。新聞は読めないし、誌面をめくりたくてもどく気配はナシ。それどころかフンの落とし物までする始末。

サクラは、飼い主さんがパソコンに向かってカタカタとキーボードを打っていると、一緒になってキーボードの上をカタカタ歩き回ってどいてくれません。

こんなときのインコの心理は？

そう、もうおわかりだと思います

が、かまって欲しくて、わざとイタズラしていると考えて間違いなさそうです。

放鳥中は目を離さないというのが鉄則ですから、こちらが悪いといえば悪いんですけどね……。

こちらが根負けして腰を上げると、「やったー、自分の勝ち！」とばかりに飛んできてフフンと得意げに肩に止まります。

ショウくんは、「静かに遊んでいて感心感心」と飼い主さんがちょっと目を離したすきに、子どもの教科書をせっせと破いていたことも。

まあ、こちらが悪いんでしょうかね……。

あなたが
喜んでくれると、
ボクうれしい♪

おしゃべりトレーニングのコツ

飼い主さんの笑顔が見たくてがんばるインコ

インコとおしゃべりしたいなら、とにかくよく話かけること。放鳥中はもちろん、ケージの前を通りかかるたびになにかしら声をかけてみるのです。

いきなりペラペラとはいきませんが、落ち着いた気分のときに、モゴモゴとインコは自主練をはじめます。そして突然「オハヨー!」、「ダイスキダヨ!」などとご機嫌でしゃべりはじめるものです。

そんなときは、とびっきりの笑顔と大げさなリアクションで驚いてあげましょう。「なんて賢いの！」「あなたもしかして天才!?」など、これでもかというくらいほめちぎります。インコは有頂天になってワキワキし、ますます言葉の習得に熱が入るというもの。

モノマネや芸を教えるときも、インコが披露したら「ほめちぎる」というのが、基本。ノーリアクションでインコを悲しませないで！

飼い主さんがウケてくれれば、その反応を引き出したおしゃべりなり芸なりが、「いいことが起こること」としてインコの頭にインプットされます。ほめられるとうれしいのは、人間もインコも同じなのです。

においをかぐ

インコ臭いって、ほめられてるの？

後頭部から立ちのぼるにおいにヤミつきです

愛鳥家が集まれば、におい話で盛り上がることもあるくらい、インコのにおいは鳥好きさんを魅了します。

インコのにおいは、ナッツのにおいだとか、ほんのりお日さまのにおいなどと、よくたとえられます。

花蜜食のインコは甘いにおいがしますし、果物を食べる種の鳥さんはドライフルーツのようなにおいがするものです。

セキセイインコはゴマを炒ったような芳ばしい香りといったのは、かの有名なソムリエさん。

ヒナは干し草のようなにおいといわれます。

指に乗った愛鳥の背後に鼻を近づけ、「ちょっとかがせてね」と、クンクンするのは、インコ飼いならではの至福の瞬間。

飼い主さんが愛鳥の体臭を吸い込み、「あ〜、インコ臭い」と満喫することが日課となったお宅では、「アー！　インコクサイ」が口癖になってしまったインコもいます。

たくさんのインコと暮らしている人なら、においもそのときの気分でよりどりみどり。

さてさて、あなたのインコはどんなにおい？

しゃべりたくないインコもいるよ

しゃべりたくない理由

しゃべりたければしゃべる しゃべりたくなければしゃべらない

インコのなかにも言葉を覚えるのが得意な種とそうでない種がいます。そして、メスはあまりおしゃべりを覚えず、オスのほうが覚えるといわれています。

「うちの子、オスのセキセイなのに、ぜんぜんおしゃべりしない」

……と焦っている飼い主さんがいるようでしたら、まずはコミュニケーションが不足していないか見直してみましょう。ほかの鳥がいる場合、鳥どうしで話すことで満たされて、飼い主さんと話す必要性がないという場合もありえます。

テレビのそばなど賑やかな場所にケージがあると、言葉を覚えづらいということもあるようですよ。

おしゃべりを覚える種として紹介されているインコ以外でも、モノマネが得意なインコはいます。その一方で、おしゃべりが得意とされている種でもしゃべらないインコだっているのです。人間にもいろいろあるように、しゃべりたくないインコもいて当然。それを「しゃべってほしい」と人間の願いをおしつけるのは、考えものかもしれません。

ときには諦めも肝心。ただし、こちらからの声かけは続けましょうね。

芸も身の肥やしだね

芸を教えて遊ぶ

飼い主さんとのスキンシップから インコの芸が生まれます

遊びの一環として、インコに芸を仕込む飼い主さんがいます。

かんたんな芸で人気があるのは「ニギコロ」。手のひらでコロンとひっくりかえるアレです。

オカメインコではサイズ的にムリがありますし、アクティブなセキセイも好まない遊びです。一方、野鳥時代狭い樹木の空洞で暮らした名残りか、ラブバードやマメルリハ、サザナミインコはわりと抵抗なくやってくれます。

手の中でナデナデしている最中

に、平静を装って、素早くコロンと愛鳥をひっくり返す。最初は驚いて立ち上がろうとしますが、怖くないことがわかると、だんだん自分から転がるように。テーブルの上でもコロンコロン転がる子もいます。

　オカメインコの芸といえば、口笛が人気。鳴き声の音域や音質が口笛に近いようです。

　ショウくんは、カッコウやウグイスのリアルな声マネをマスターして、「お宅ウグイス飼っているの!?」とご近所まで驚かせています。

　遊んでいるうちになにかできるようになることが多いので、頻繁にふれあって芸を見つけてみましょう。

もっと広い世界を見たいんだい！

お散歩でインコとの距離も縮まる!?

インコと近所をお散歩する話は、あまり聞かないかもしれません。しかし、家で退屈しているインコにとって、お散歩はちょっとしたイベントになります。

お散歩を楽しみにしているピースケは、「お散歩」のひと言で、自らキャリーケースに飛び込むほど。

お散歩には、ストレス解消以外に、インコと飼い主さんの心の距離を近づける思わぬ効用もあります。

たとえば、縄張り意識が強く攻撃的なインコは、飼い主さんであって

も縄張り内では侵入者と判断し、攻撃をしてきます。しかし、一歩外に出てしまえば、そこはもう別世界。頼るべきは目の前の飼い主さんだけ。そのため、いつもより素直になり、飼い主さんとインコの間に連帯感が生まれるのです。

ときには縄張りから連れ出し、飼い主さん以外の人にふれさせる機会も大切です。陽気のいい日は愛鳥を誘って、爽やかな外の空気をともに楽しんでみましょう！

人の多い公園などでは、子どもや鳥好きさんが集まってくることもありますが、あくまでケースの外側から見せるだけに留めてくださいね。

飼い主さんに嫌われたら、ボクたちどうすればいいの……

ケンカしてしまったら

誤解を解くには行動を共にすること

ふだんは相思相愛の1羽とひとりでも、ときには険悪ムードになってしまうことも。

たとえば、インコが飼い主さんの耳たぶを甘がみして遊んでいたところ、大きな物音に驚いたインコがつい勢いで本気がみをしてしまい、飼い主さんが手でインコを払いのけてしまった……などという場合です。

インコにとっては、飼い主さんに急に弾き飛ばされれば身の危険も感じ、不信感も覚えるでしょう。

飼い主さんも、ショックで自信を無くしてしまうかもしれません。

どちらにも言い分はあります。

そんなとき、どうやって仲直りをすればよいでしょうか。

答えは、「愛鳥と同じ時間を共有すること」です。

怒って愛鳥をケージに閉じ込め、毛布をかけてシャットダウンしてしまうのではなく、ケージに戻したらそのそばでゆったりと過ごすこと。

愛鳥が食べはじめたら、飼い主さんもお茶にする、愛鳥が眠そうにしていたら、飼い主さんもうたた寝をする。群れで暮らすインコにとって、行動を共にすることは、なによりの友情の証なのです。

ライバル？①

カタ
はっ!!
スマホ
カタ
またそいつにばっかりかまって!!
あっコラピースケ!!
コラ
べし
べし
バタ
まったく…こんな四角いヤツのなにが楽しいのか…
はっ!!
めっちゃかわいい子おるやん!?
画面にうつった自分
ポヤン…

ライバル？②

ふ〜ん…今度はその長いヤツですか
ピ
リモコン
あ〜もうピースケ…
べし
バタバタ
べしっ
ここの部分をこうしてやる!!
ここの部分を…
がじがじ
がじっ
ボタンかじり中
あれっ…このなんともいえない食感…!!
すごくイイ…!!
がじ…
ピースケいつまでやってんの

PART4

インコと暮らす

ちょっと待って！
お部屋が汚いのは
アウトでしょ

放鳥前に
安全確認

安全で気持ちよく遊べる部屋を用意しよう

サクラのおうちでは、上を見上げると、はしごやブランコなどがブラブラ。放鳥タイムを楽しく過ごせるように、飼い主さんが用意しました。

こうしたプレイスペースがあるとインコは喜びますが、それらにすっかり魅了されてしまうと、なかなか飼い主さんの元に戻ってこないことがあります。インコと意思疎通がうまくいっていないうちは、放鳥するお部屋には、あまりあれこれと誘惑になるようなものは置かないほうが無難です。

また、放鳥のときに気をつけたいのは、室内の安全対策です。

放鳥のたびにお部屋を見渡して、窓は開いていないか、インコが自力では這い上がってこられないような深い隙間がないか、口にしてはいけない食べ物や毒性のある植物はないか、安全確認を。メッキ加工してあるキーホルダーや、アルミのフタ、鉛が含まれたアクセサリーやファスナーなどは、中毒になる恐れがあります。鉢植えの土は、インコにとって毒性があることも。土の表面は玉石などで覆ってしまいましょう。

きれいに片づけたお部屋で遊ぶようにしてくださいね。

みんなと一緒だとうれしいな

ケージを置く場所を選ぶ

家族の気配を感じられて落ち着ける場所に

インコはどんな場所に自分のおうち、つまりケージを置いてほしいと思っているでしょうか。

インコは群れで生活する鳥なので、いつも仲間と共にいたいと思っています。ペットのインコにとって、仲間とは家族。家族が集まるリビングにケージを置いてもらえれば、一番うれしいはずです。

玄関先は突然、開くことがあるので危険ですし、廊下や家族の個室は、人の気配がいつも感じられないので、1羽飼いだと孤独になってし

まいます。また、キッチンは厳禁。テフロン加工の鍋を空だきすると有毒なガスが発生し、インコが死亡した事例もあります。

ケージを置く位置は、インコと人間の目線が同じか、インコが少し高いくらいがベストです。温度差が激しい窓辺や、エアコンの風が直接当たるところも避けましょう。

人間はつい夜ふかししがちですが、インコは本来、日が暮れれば眠るもの。夜になったらケージには遮光カバーをかけ、ゆっくり寝かせてあげましょう。インコに合わせて早寝早起きすれば、人もインコも健康になり一石二鳥です！

おいしくって健康になるごはんをください！

インコの主食

鳥さんの主食は栄養バランスを考えて選ぼう

インコの主食は、シードとペレットの2種類に大別できます。

シードは粟、ヒエ、キビの3種類を中心として、いくつかの種子をブレンドした混合餌。タンパク質が豊富ですが、ビタミン、ミネラル、カルシウムといった栄養素がほとんど含まれていないため、青菜やカトルボーン、ボレー粉といった副食で栄養を補う必要があります。

カラ付きシードは、カラをむいて食べる楽しみも魅力のひとつ。

一方、ペレットはインコに必要な

栄養素をぎゅっと詰め込んだ総合栄養食。そのほか副食は、基本的にいりません。シードに比べると高価であることや、食いつきが悪いことが難点ですが、健康のためにはぜひペレットを食べさせたいものです。

ピースケは、前の飼い主さんがシードを与えていたのか、最初はシードしか食べませんでした。けれど、少しずつなれ、今ではペレットを食べられるようになりました。

でも、鳥さんだって食べる楽しみは大切と考えた飼い主さんは、シードと青菜を毎日のおやつとして与えることに。健康も食の楽しみも手に入れたピースケは、幸せそうです。

ゆっくり時間をかけて少しずつ切り替えよう

副食が欠かせず、バランスよく食べさせるのが難しいシード食。ペレット食に切り替えたくても、シード食になれたインコにはなかなか受け入れてもらえないこともあります。

けれども、実は単なる食わず嫌いのこともあるようです。一度食べてみれば「意外とおいしいかも！」と、すんなり受け入れてくれることも。あきらめずに切り替えに挑戦してみましょう。

まずは何種類かお試しサイズのペレットをあげてみるのがおすすめで

ペレット？
食べたことないし……

シードから
ペレットへの
切り替え

す。そのなかで食いつきのよいペレットを選んで、少しずつならしていくとよいでしょう。おやつ用のカロリー高めなペレットを、きっかけ作りとして利用するのもアリです。

ちなみに、ペレット食への切り替えをみごとに果たしたピースケの場合。元々シードしか食べていなかったので、最初はペレットを差し出しても見向きもしませんでした。でも、青菜と数種類のペレットをエサ箱に入れ、シードは朝晩のふれあいタイムにひとつまみだけにしたところ、ペレットのおいしさにも気づいたよう。今ではおいしそうにペレットを食べるようになりました。

ヒマワリの種がないと生きていけない！

高脂肪分の種子は病気の原因にもなります

あぶらっこい食べ物は体に悪いとわかっていても、人間がお肉や揚げ物の誘惑に勝つのが難しいのと同じように、インコもあぶらっこいおやつが好物。もらえればそればかり食べてしまいます。

脂質が高く、インコが好む種子はヒマワリの種やサフラワー、アサノミなど。過食、依存傾向を引きおこしやすく、そればかり食べるようになった鳥さんは「シードジャンキー」と呼ばれることもあります。

種子混合餌として売られている

シードのなかには、インコの食いつきをよくするために、これらの種子が入っていることがあります。中身をよくチェックしてから与えたいものです。

忙しく飛び回っている野鳥ならまだしも、ペットの鳥さんに高脂肪の種子を与え続けると、脂肪肝や高脂血症などの病気を招きます。

サクラもヒマワリの種が大好きでしたが、健康診断で肥満と診断され、獣医さんからヒマワリの種禁止令を出されてしまいました。

とくに小型インコの場合は体に大きな負担となるので、最初から与えないようにしたほうがよさそうです。

太りたくないけど、おやつ大好き！

おやつの種類と与え方

おいしく・ヘルシー・太らない三拍子そろったおやつとは？

かわいいインコにはいつまでも健康でいて欲しいものです。そのためにきちんとした食生活を送らせるのは、基本中の基本！

そう頭ではわかっているものの、インコが喜んでくれるのがうれしくて、つい多く与えてしまうのがおやつというもの。

ではインコうけがよくて、かつ健康的なおやつにはどんなものがあるでしょうか。

まず甘い砂糖の衣がついているようなものは、肥満や偏食のもとにな

るのでNGです。果物やドライフルーツは一見、体によさそうですが、これもあまりおすすめできません。インコはビタミンCを体内で生成できるので、食べものから摂取する必要はないのです。

おすすめは、そばの実やえん麦、粟穂など。あるいは旬の野菜、たとえばゆでたとうもろこしや枝豆（無塩）などを少々。

最近ショウくんがはまっているのは、飼い主さんがかぼちゃやニンジンをスライスし、乾燥させて作るベジタブルチップスです。愛情をこめて、こんな手作りおやつを用意するのも楽しいですよ。

インコだけで留守番できるのは1泊まで

いつでもインコと一緒にいたいのはやまやまですが、ときには出張や旅行などで外泊をしなくてはいけないこともあります。そんなとき、インコだけでお留守番をさせることはできるのでしょうか。

天候の安定した春か秋は、2泊まででならなんとかなりますが、基本は1泊まで。夏や冬といった温度管理が難しいシーズンは、エアコンをつけっぱなしにして空調管理を完ペキにしても、万全とはいい切れません。とくに夏場は水や青菜などが腐

なるべく早く帰ってきてね！

わたしを置いていくのね…
アイツは連れていくくせに

インコのお留守番

りやすいため難しいといえます。外泊の際は、ペットホテルや動物病院などで預かってもらいましょう。

お留守番をさせるときは、ケージの中にエサ入れや水入れを2つずつ設置します。なにかの拍子にひっくり返してしまったり、事故や渋滞で帰宅時間が大幅に遅れたり、万が一のケースも考えられます。

また、留守番中は愛鳥もヒマだろうからと、ケージの中に新しいおもちゃや、いつもよりたくさんのおもちゃを入れるのはNGです。なれないおもちゃや配置は思わぬ事故の原因になるので、ケージ内はすっきりとさせておきましょう。

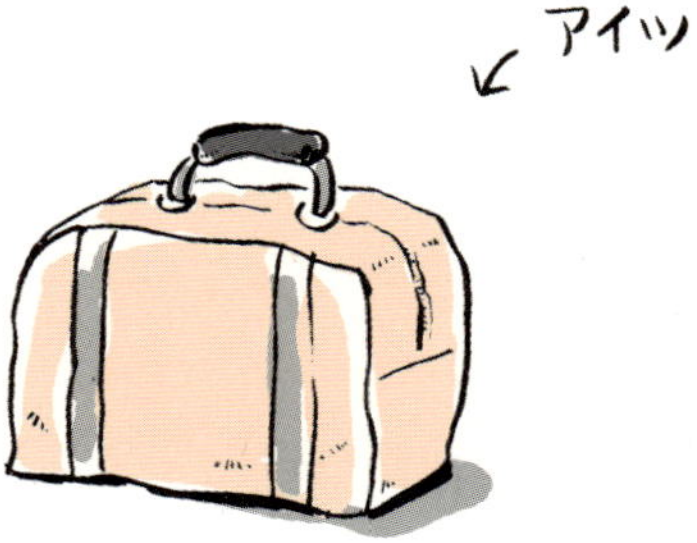

おでかけはドキドキ！
ちゃんと見ててね

インコの
移動

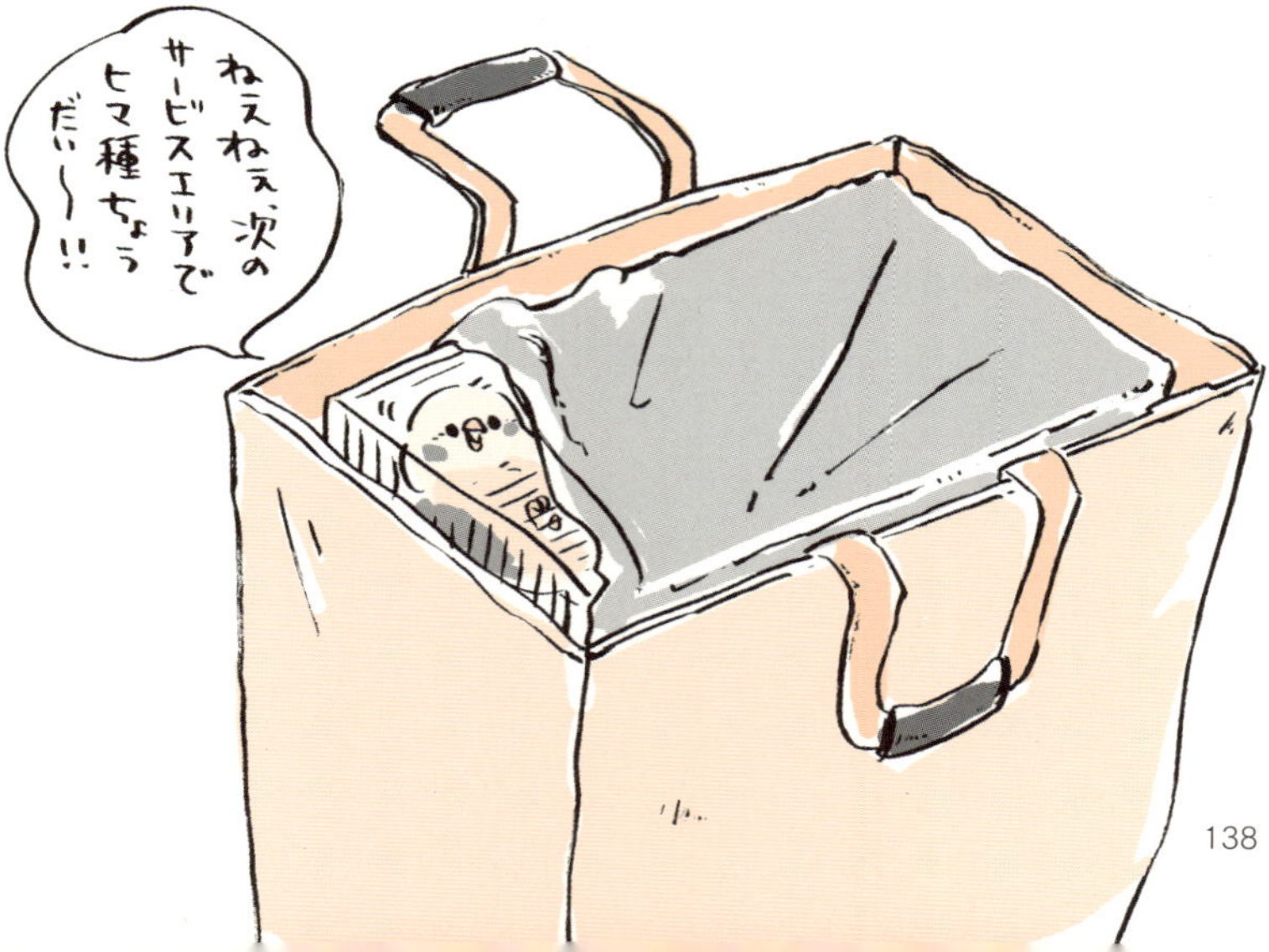
ねえねえ、次のサービスエリアでヒマ種ちょうだい〜!!

移動はキャリーケースに入れて温度変化にも注意

動物病院に行くときや、長期の帰省などで預け先がなく連れていく場合には、止まり木を設置した小さなキャリーケースにインコを入れていっしょに移動します。

おなかが空いたときのために粟穂、ノドが乾いたときのために青菜をケースに入れて、水入れは外しておきます。キャリーケースの上からは目隠しと防音を兼ねて薄い布をかぶせておくと落ち着くようです。

移動中、キャリーケースは窓からの直射日光の当たらないところに置き、1時間に1度は休憩を挟んで、キャリーの中の様子もしっかりチェック。特に車の中はほんの数分のうちに高温になることもあるため、置き去りにせず、ケースは持ち歩きます。冬の寒い時期には、保温のために使い捨てカイロをケースの外側に貼りましょう。

あと、エサは多めに用意しておくこと。知らない場所でピリピリと緊張しているインコは、ふだんと違うエサは食べないことがあるからです。ペレットや副食類は専門店以外では入手しづらいですから、多めに携帯しておくと万が一のときにも安心です。

日光浴が気持ちいい季節だね

季節のケア（春・夏）

春は窓の開け閉めに注意！夏は温度管理をしっかりと

季節の変化は、インコの体調にも影響をもたらします。季節ごとのケアを知っておきましょう。

春はインコにとって快適なシーズンであり、飼い主さんにとっても飼育管理しやすい時期です。少し窓を開けて風を入れながら、レースのカーテン越しに日光浴。インコたちもきっとご機嫌でさえずりはじめます。庭に芽吹いたハコベの新芽を洗っておやつにすると、大歓迎されます。

その一方、春は愛鳥を逃がしてし

まう飼い主さんが激増する季節でもあります。窓の開閉には気をつけましょう。

　夏の暑さは、インコにとっても厳しいもの。翼を浮かし、クチバシを半開きにして喘いでいたら、暑がっているサイン。すぐにエアコンを入れ、ケージを涼しいところへ移します。インコも熱中症にかかります。特に幼鳥や高齢の鳥さんは要注意。

　逆にインコが羽根を全体的にふくらませているようなら、エアコンで部屋を冷やしすぎかもしれません。

　エサのいたみやすい時期で虫もわきやすいので、エサは冷蔵庫で保存し、水は朝、夕の2回交換します。

季節のケア（秋・冬）

寒いのは
ニガテなんだよな〜

インコは寒さに弱いもの 秋から寒さ対策を意識して

秋は過ごしやすい季節ですが、春とは異なり、だんだん気温が下がっていきます。ケージの保温不足で、体調をくずすインコが増える季節でもあります。早め早めの防寒対策を心がけたいものですね。

人間には心地よい風でも、インコを外気に長時間さらすのはNG。日中でも全体的に羽をふくらませて寒がっている様子が見られたら、ペットヒーターで保温が必要です。

冬は人も体調をくずしやすいシーズンですが、インコも同じく寒さが

大のニガテ。四季のうちでも最も気をつけたい季節です。体力のない幼鳥や老鳥にとっては、冬の寒さは命にかかわることもあります。

ケージ内の温度は健康な成鳥なら20〜25度程度で大丈夫ですが、ヒナ、老鳥、病鳥はそれより5度ほど高めで保温します。窓辺は外気の影響を受けやすく、温度変化が激しいので、冬の間、ケージは窓辺ではなく、暖かく落ち着く場所を定位置にしましょう。

冬はイベントも多いので飼い主さんの生活リズムも乱れがちですが、インコを巻き込むことなく、規則正しい生活を守ってあげましょうね。

毎日同じじゃ つまらない！

インコ目線で 生活を楽しむ

ちょっとした仕掛けや演出で 生活に張り合いを

鳥の目線で撮られた、空撮映像を見たことがありますか？

視界に広がる雄大な絶景は、息をのむ美しさ。本来鳥たちは、大自然のなかを飛び回る生き物なのです。

残念ながら、おうちで暮らすインコには、大自然を俯瞰する体験をさせてあげることはできません。でも、ちょっとした工夫次第で、ウキウキさせることならできます。

たとえば、池のかわりに、机の上にかわいいガラスボウルに水を張って用意しておきます。インコたちは手ごろな水場としてそこで水を飲んだり、水浴びしたりと楽しみます。

あるいは、豆苗や小松菜、ハコベなどをパックやプランターの鉢ごと窓辺に置いておきます。インコたちは新鮮な青菜に気づき、夢中になって食事をはじめます。

ちょっとした仕掛けを用意しておくと、生活に張り合いがでてきます。インコの毎日に、新鮮な驚きや喜びを演出してみましょう。

朝、少し早起きして、窓を開けてみるだけでもいいのです。さわやかな風にあたり、野鳥と元気に鳴き交わすことで、きっとインコの生きる喜びにつながるはずです。

窓やドアだけでなくケージにも注意して事故を防ぐ

インコは小さいけれどりっぱな鳥。窓が少し開いていれば、大空に羽ばたいていってしまいます。

わかっているはずでも、後を絶たない脱走事故。悲しい思いをしないため、対策は万全にしたいものです。

インコは明るい方角に向かって飛ぶ習性があります。窓やドア、玄関付近は、放鳥時には厚手のカーテンをひくなどして暗くしておくことで、脱走や窓への激突事故を防ぐことができます。

また、日ごろからケージに不具合

鳥ですから……飛んでいってしまいますよ

逃がさないための対策

がないかをチェックし、面倒でもナスカン等で扉をロックしておくこと。とくにコザクラインコやボタンインコの仲間は器用なので要注意。

実はサクラも、一度ケージの扉を自分で開けて外に出ていたことがあります。知らずに飼い主さんは窓を開けてしまい、あわや脱走の危機でした。それ以来、ロックはかかせません。

窓を開けて空気を入れかえる場合も、網戸にすることを習慣にしたいですね。さらに、窓やドアを開ける際には、家族じゅうで声をかけあうなど、二重、三重のチェックで脱走事故から守りましょう。

飛び出したはいいけど……
どうすりゃいいの？（泣）

インコを
逃がして
しまったら

家の近くから遠方まで幅広く捜索して

家の外には、自動車やバイク、カラスやネコなど、インコの命をおびやかす危険がいっぱいです。もし逃がしてしまったら、とにかく早く見つけて保護しなくてはなりません。

そもそもインコの飛翔能力はかなりのもの。一度気流に乗ってしまうと、ものの数分であっという間に数キロ先までワープしてしまいます。

ショウくんの家では、以前、まださし餌が終わっていないヒナを保護したことがあります。逃がした飼い主さん宅とショウくんの家の距離は、少なく見積もっても5キロ以上。お迎えにきた飼い主さんが仰天していたのはいうまでもありません。

ですから迷い鳥の貼り紙は、ご近所だけでなく隣町など広めの範囲に貼るべきといえます。警察へ遺失物として届けることと、WEBの迷い鳥保護掲示板にも書き込んでおくことを忘れずに。

案外、家の近くにいることもあります。サッシの隙間や戸袋に隠れていたという話もありますので挟むことのないよう気をつけて。屋上や階下、家のまわりの電線や木なども要チェック。ぼう然と立ち尽くしているケースもよくあります。

体調不良の
サイン①

いえいえ、病気なんかじゃありませんって……

体調不良のサインを読み取って早めの対応を

群れで行動し、捕食される側の立場にあるインコは、体調不良を徹底して隠し通そうとします。明らかにつらそうな様子のときには、もう手遅れということも……。

インコの様子をよく観察し、小さな体調不良のサインを見落とさないようにしたいものです。

エサを食べる量やフンの量が減った、寝てばかりいる、ふくらんでばかりいるといった症状があったら、なによりも先にまずは保温です。冬場でも30度程度を目安に加温します。

保温ができないと、その後きちんと治療をしたとしても、効果が半減してしまうこともあるので要注意。

体調不良のインコは、ケージではなく小さめのプラケースなどに移し、ほかの鳥さんたちから隔離します。感染症を予防するためにも、エサ入れや水入れ、止まり木は分けて。

保温した小さなケースに移したら、毛布などをかけ、暖かく静かなところで休ませます。夜間でもごはんが食べられるよう、ほんの少しの明かりを残しておくとよいでしょう。

そして、元気になっても油断せず、なるべく早めに動物病院へ連れて行くようにしましょう。

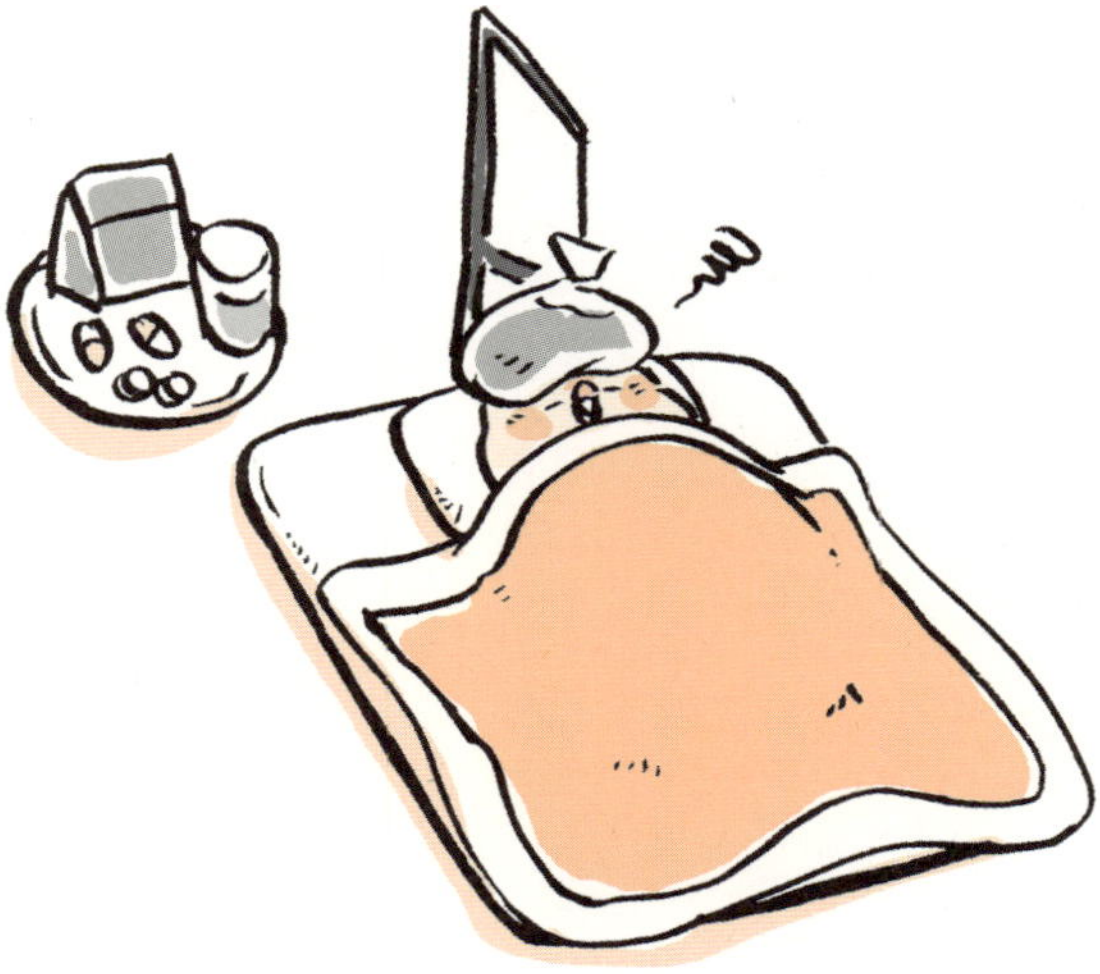

病気!?　それともケガ!?
小さな変化を見逃さないで

インコの体調不良にいち早く気づくためには、愛鳥のいつもの元気な状態をよく知っておく、そのひと言に尽きます。

インコの体調が思わしくないとき、いつもとは違うさまざまなしぐさが見られるものです。

たとえば、昼間から寝てばかりいるだとか、寒くもないのに羽をふくらませて脚やクチバシを羽で覆っているといったときには、病気を疑ってかかるべきかもしれません。

食べない、鳴かない、しゃべらな

うーん苦しい……。
えっ？
元気ですってば！

体調不良の
サイン②

気づいてほしくないけど、気づいてほしいのよね…
飼い主さんに心配かけたくないんだよね…

い、さわられることをいやがる、止まり木から降りている、毛並が荒れている、羽が大量に抜けている、羽が排泄物や吐いた物で汚れている、などの変化も見逃してはいけません。

まき散らしての嘔吐や、おかしな呼吸音、おなかが極端にふくらんだり痩せたりといった症状があるときは、赤信号です。

また、ホルモンバランスに異常があるときには、ろう膜の色や羽毛の色が変化することもあります。

いずれせよ、変わった様子があればまず保温し、早めに鳥に詳しい動物病院で診てもらうこと。それが大切な愛鳥の命を救います。

病院へちょっとお散歩♪……なんて気分になれたらいいね

動物病院へ行く

病院嫌いなインコもいればそうでないインコもいる

動物病院は、インコの命を救ってくれる場所ですが、動物病院に行くのをいやがるインコは多いものです。

無理矢理つかまれたり、注射をされたり、「いやなことをされた」場所と認識してしまうと、移動のためのキャリーに入ることすら断固拒否して鳴き叫ぶ子も。

しかしなかには、病院がニガテではない、または病院へ行くのを喜ぶインコも存在します。それは、小さいころから手でつかまれることになれていたので、診察があまり苦では

ない子や、「診察や注射をされた後、体が楽になった」という経験から、病院は悪い場所じゃない、と思えるようになった子。または多頭飼いで、ふだん飼い主さんを独占できないので、通院の数時間、ふたりきりになれる喜びが病院に行くストレスより上回った場合など、いろいろ。

できれば、病院大好きとまではいかなくても、苦手意識をなくせるといいですよね。

元気なうちから、健康診断などで少しずつ動物病院という場所や、体にさわられることにならしておくと、後で苦労せずにすむかもしれません。

ありがとう……
あなたと出会えて
ホントによかった

お別れのとき

これまでの感謝をこめて愛鳥との思い出を大切に

小さなインコに、どれだけ多くのものをもらってきたことでしょう。

インコを手の平に包んだときの、あのぬくもり。すり寄せてくるクチバシのほんのりとした温かさ。小さな小鳥のあまりの存在感の大きさ、その命をあずかった責任の重さに、ときには戸惑いを覚えることすらあるくらいです。

気軽に飼いはじめたものの、その愛情の深さにノックアウトされた人も多いことでしょう。

もちろん、たいへんなことだって

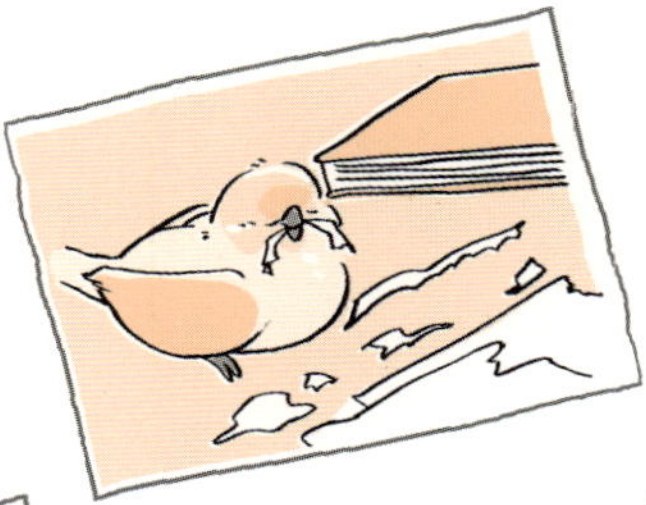

あります。かまれて流血したり、家具にイタズラをされたり。なによりインコが気になって気軽に家を空けられなくなり、旅行なんて何年行っていないことか……。

　インコと離れるくらいなら、旅行なんて一生行かなくていい！　そう思うくらいインコを愛していても、必ずお別れのときはやってきます。

　先立つ愛鳥を見送ることは、飼い主である私たちの最後の務め。「今までありがとう」という感謝の気持ちで、インコとの思い出を大切にすること。それが天国に旅立つ愛鳥にできる、最後で最高の恩返しになるはずです。

うちの飼い主

みんなの飼い主さんてどんな人？
うちのはいつも寝てばっかりよ
へ～
まぁ好みなんだけど飛べないのがね…
？
？
うちはまぁ、うまくいってるよ
ショウくんちは？
うちには小さい人間がいてそいつがラスボスなんだ
ざわ…
小さい…
ボス…？

発見

機嫌がいいかと思えば
キャッキャッ
突然の破壊活動
ギャ～!!
ガシャン!!
ガシャン
あぁ…
ボスのこと全然理解できないけど
すやぁ…
最近ちょっと似てるところを見つけた
ほっぺ

♡しあわせ♡

こんにちは～
こんにちは!!
そんなところでなにしてるの？一緒に遊ぼう
ピピ
チチチ
そうしたいけどそっちには行けないんだ…
へんなの～バイバイ!!
バイバイ～
ピースケかわいいね～
ピィ
ピィ
ぼくは飼い主さんにこんなに大事にされてとってもしあわせなんだ

また会おうね!!

∨ 編著　只野《ただの》ことり

一級愛玩動物飼養管理士。

小鳥の飼育歴は30年以上。

大小種々さまざまなインコをはじめ、十姉妹や狆と同居しながら人にも動物にも優しい飼育を模索中。

インコがやっぱり、いちばんかわいい！

2014年　7月31日　第1刷発行

編著者	只野《ただの》ことり
発行者	中村 誠
印刷所	玉井美術印刷株式会社
製本所	大口製本印刷株式会社
発行所	株式会社日本文芸社 〒101-8407 東京都千代田区神田神保町1-7 TEL　03-3294-8931（営業） 03-3294-8920（編集）

Printed in Japan 112140701-112140701Ⓝ01
ISBN978-4-537-21194-8
URL　http://www.nihonbungeisha.co.jp/

Staff

∨ イラスト・マンガ
ものゆう

∨ 編集・制作
株式会社チャイハナ

∨ 装丁・本文デザイン・DTP
佐々木恵実（株式会社ダグハウス）

∨ 写真
宮本亜沙奈

Special thanks

インコ・オウム専門店
こんぱまる
http://www.compamal.com/

FUKUROKOJI　Cafe
http://fukurokojicafe.blog78.fc2.com/

メイちゃん、いちごちゃん、きいちゃん、黄華ちゃん、くりちゃん、あいちゃん、サリィちゃん、クラリスちゃん、ミルちゃん